郭志猛——

著

中国历代科技史

宋辽金夏科技史

「彩图版」

U0202320

上海科学技术文献出版社

Shanghai Scientific and Technological Literature Press

图书在版编目（CIP）数据

宋辽金夏科技史 / 郭志猛著 . 一上海：上海科学技术文献
出版社，2022
（插图本中国历代科技史 / 殷玮璋主编）
ISBN 978-7-5439-8528-5

Ⅰ.①宋… Ⅱ.①郭… Ⅲ.①科学技术—技术史—中
国—辽宋金元时代—普及读物 Ⅳ.① N092-49

中国版本图书馆 CIP 数据核字 (2022) 第 037059 号

策划编辑：张　树
责任编辑：王　珺
封面设计：留白文化

宋辽金夏科技史
SONGLIAOJINXIA KEJISHI
郭志猛　　著
出版发行：上海科学技术文献出版社
地　　址：上海市长乐路 746 号
邮政编码：200040
经　　销：全国新华书店
印　　刷：商务印书馆上海印刷有限公司
开　　本：650mm×900mm　1/16
印　　张：16
字　　数：198 000
版　　次：2022 年 8 月第 1 版　2022 年 8 月第 1 次印刷
书　　号：ISBN 978-7-5439-8528-5
定　　价：98.00 元
http://www.sstlp.com

目录

contents

一 001-011

宋辽金夏科技概述

二 012-034

农业技术

三　035-077

水利工程、手工业及兵器工业

四　078-112

建筑技术

五 113-129

制瓷业及制瓷技术

六 130-141

天文学成就

七 142-155

地理学

八 156-172

航海及海洋学

九 173-192

医药学

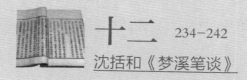

宋辽金夏科技概述

（一）宋辽金夏时期社会变革与朝代兴衰

公元959年，周世宗去世，其子7岁的宗训继位。公元960年春节，禁军统帅、殿前都点检赵匡胤，借口北汉和辽军南侵，奉令带兵北上，行至陈桥驿（今开封东

赵匡胤

赵匡胤出生于洛阳，五代至北宋初年军事家、政治家，北宋开国皇帝。他建立了宋朝，结束了五代十国的战乱局面，基本完成了统一。

北），发动兵变，黄袍加身，夺取后周政权，史称"陈桥兵变"。取国号"宋"。公元 979 年，宋灭北汉，彻底结束了五代十国分裂割据的局面。

北宋统治者因兵变立国，最怕因兵变下台，所以为巩固其统治地位，采取了一系列加强专制主义中央集权的措施。采取集中政权，防止重臣专权，集中军权、财权和司法权等措施，并发展了科举制度，扩大专制统治基础。但各级政府权力分散，官僚机构行政效率降低，兵将分离使将帅无权，严重削弱了军队的战斗力，使整个宋朝在军事和外交上成为一个积贫积弱、苟且偷安的朝代。

契丹是我国北方一个古老的民族，属鲜卑族的一支。唐末，在与汉族接触的过程中，受汉族影响，逐渐学会种地、织布、制盐、冶铁、建房和筑城等技术，一部分契丹族人开始了农耕生活。公元 916 年，贵族出身的耶律阿保机统一契丹各部，采纳汉族士大夫的建议，仿照汉人王朝体制，自立为皇帝（辽太祖），国号"契丹"，又称"辽"。辽国控制了东到大海，南接河北、山西，西至阿尔泰山，北到蒙古大漠南北、黑龙江流域的广大地区，统治着契丹、汉、女真、回鹘等各族人民。阿保机重视农业和手工业，任用汉族知识分子，制定封建典章制度。在他统治末年，契丹有了自己的文字和成文法律。

五代时，辽占领幽云十六州。宋立国后宋太宗打算收复失地，在高粱河、峻河两次对辽用兵，都大败而归。景德元年（1004），辽圣宗领兵南下，很快攻至黄河北岸的澶州（今河南濮阳）附近。由于宋真宗在寇准等人的力谏下亲自到澶州督战，宋军士气大振，而辽军主将已死，士气大挫，宋、辽转而议和。宋、辽议定：双方以白沟河为界，约为兄弟之国，宋岁输辽银 10 万两，绢 20 万匹，作为辽撤军的条件。史称"澶渊之盟"。

西夏是党项贵族建立的政权。宋太宗时欲消灭夏州的割据势力，李继迁起兵造反，并采取联辽抗宋的策略。宋太宗淳化一年（990），李继迁被辽册封为夏国王，同时也接受北宋封爵。宋仁宗宝元元年（1038），其孙李元昊正式称帝建国，国号"大夏"，史称"西夏"。元昊仿效宋朝设立官府，建立官制和兵制，还参照汉文创造了西夏文字，西夏逐渐向封建社会过渡。西夏的疆域，东据黄河，西至玉门关，南临萧关（今宁夏同心南），北控大漠。

李继迁时降时叛，夏宋战争连绵不断。其子李德明改变策略与宋议和，宋每年予银万两，绢万匹，钱2万贯，茶2万斤，维持了约30年的和平。元昊称帝后不断发动对宋战争，虽大获全胜，但导致财政困难，于宋仁宗庆历四年（1044）提出议和，宋每年"赐"西夏银72000两，绢153000匹，茶1.5万千克，夏对宋称臣。此后二十多年间，西夏与北宋未再兵戎相见。

北宋时期，各种社会矛盾日益尖锐，对外是与辽、西夏的战争，内部是王小波、李顺等农民起义不断。为解决严重的政治危机，庆历年间（1043），范仲淹提出整顿吏治、培养人才、发展生产、加强武备等改革主张。北宋政府推行他的主张，史称"庆历新政"。但由于反对派的攻击和排挤，不到一年，新政便停搁。熙宁元年（1068），在"积贫积弱"的严重形势下，宋神宗任用王安石做宰相。在神宗的支持下，王安石设立制置三司条例司，颁行新法。有关财政的有青苗法、免役法、农田水利法、方田均税法、市易法、均输法；强兵的措施有将兵法、保甲法、保马法。另外，还置军器监，改善军队装备。王安石新法在富国强兵、发展生产方面取得了一定成就，但由于触动了官僚豪绅的既得利益，遭到反对和排挤。元祐元年（1086），司马光任宰相，废除新法，变法失败。

女真族是一个有历史悠久的民族。公元1113年，完颜阿骨打任女真部落联盟的酋长，反抗辽国的奴役和压榨。公元1115年（宋徽宗政和五年），阿骨打称帝（金太祖），国号"大金"。金建国后，参照汉字和契丹文字创制女真文字，曾用来翻译汉文典籍。金继续对辽作战。公元1125年，辽亡。辽宗室耶律大石率部迁至中亚，于1131年称帝，占据今新疆吐鲁番以西至中亚阿姆河一带，史称"西辽"。金军灭辽后继续南侵，靖康二年（1127），汴京被金军攻下，北宋灭亡，史称"靖康之难"。

赵构

宋高宗赵构是宋徽宗赵佶第九子，是南宋开国皇帝。

靖康之难后，赵构（宋高宗）于今河南商丘称帝，随后定都临安（杭州），史称"南宋"。南宋不断受金兵威胁。北方人民纷纷抗金，最著名的是岳飞的抗金斗争。南宋政府一心求

岳飞墓

岳飞墓位于杭州西湖西北角，1961年，岳庙被国务院公布为第一批全国重点文物保护单位。

和，在高宗绍兴十二年（1142）以莫须有罪名杀害岳飞等人，并签订了屈辱投降的和约：宋向金称臣，岁纳贡银25万两，绢25万匹；宋金疆界，东以淮水、西以大散关为界；宋割唐、邓二州及商秦二州之半予金。

公元1206年（南宋开禧二年），铁木真统一全蒙古，建国，他被尊称为"成吉思汗"。从1212年始蒙古军不断进攻金。1232年，蒙古联宋灭金，于1234年结束金朝在北方120年的统治。

成吉思汗
成吉思汗出生在今蒙古国肯特省，蒙古帝国可汗。他是世界史上杰出的军事家、政治家。

成吉思汗死后，统治阶级内部进行王位之争。公元1264年，忽必烈取得完全胜利，于1271年改国号为"大元"，迁都大都（北京）。元从1261年对宋开始全面进攻，至1278年元已基本上征服各地，南宋只有少部在东南沿海抵抗。1279年，南宋水军失败，赵昺投海而死。至此，南宋灭亡，历九帝，共153年。

（二）宋辽金夏时期的经济发展与科学技术的杰出成就

唐末的农民战争打击了地主阶级中最腐朽的势力，调整了土地的占有关系，自耕农的数量有所增加，佃户对地主的人身依附关系进一步削弱。北宋的统一，结束了分裂割据的局面，促进了各地劳动技术和生产经验的交流。宋代社会经济关系出现了新的变化，地主以购买的方式占有土地，实物地租取代劳役地租成为剥削的主要方式，这在一定程度上有利于提高农民生产的积极性，促进了社会经济较快地发展。

秧马

秧马是种植水稻时用于插秧和拔秧的工具，北宋时期开始大量使用，后来各种式样的秧船，皆从秧马演化而来。宋代诗人苏轼曾撰写诗文——《秧马》，热情为之宣传推广。

在农业方面，各地农民更加注意精耕细作和推广生产经验。在农业实践中，劳动人民改进和创造了不少生产工具，如除草用的弯锄、碎土用的铁耙、安装在耧车脚上的铁犁铧，在北宋的中原、华北都已普遍使用。湖北鄂州地区农民还创造了插秧用的"秧马"。南北方的生产经验得以交流，江北的粟（谷子）、麦、黍（黄米）、豆等农作物推广到江南、福建、广东等地，江北广泛地种植水稻。从越南引进的占城稻，也推广到江淮一带，并逐渐推广到北方。经济作物中，茶的种植比以前更普遍。

北宋时期，劳动人民还创造和推广了一些开辟耕地的新技术，在山坡上开出梯田，在江海岸边开出沙田，等等。从河北到江南，普遍修复、兴修了不少水利设施，特别是江南的圩田，稻田产量高达三石之多。这一时期的农业出现了较为兴旺的景象。

在农业发展的基础上，北宋的手工业，如矿冶、纺织、制瓷、造船、造纸等行业都有了显著的发展。

矿冶业在北宋时发展较快，煤已被大量开采，不仅供作民间燃料，还被广泛地用于冶炼钢铁。用煤炼铁温度高，改进了冶铸技术，提高了铁的质量，对于改善农具和精制兵器都起到了很大的作用。北宋中期，铁年产量已有 400 多万千克。此外，江西信州铅山还盛产铜、铅，广东韶州产铜、铅、锡、银等，两处都有 10 多万人经常采矿。

纺织业以丝织为主。丝织的种类繁多，仅锦一项就有四十多个花色品种。丝织技术有了很大的提高，如定州的缂丝，用各种色线，经纬交织成纹，织出花鸟禽兽各种图案，栩栩如生。单州（今山东单县）的薄缣，每匹重仅百铢（百铢合 4.125 两），望之如雾。这时已出现一些独立丝织业作坊，称作"机户"。湖广地区棉麻纺织也日渐发展，印染业也较之前发达。

北宋的制瓷业在唐、五代的基础上有突出的发展和成就。定州的定窑、汝州的汝窑、汴京的官窑、禹州的钧窑、浙江龙泉的哥窑，合称"五大名窑"。其瓷品制作精巧，质地细薄，各具特色。江西新平镇，于宋真宗景德元年改名"景德镇"，设官窑，所产瓷器有"假玉"之称，色泽柔润，驰名中外，后来发展成为著名的瓷都。五大名窑的产品，不仅行销国内，还大量出口远销到朝鲜、日本、南洋、印度及阿拉伯、土耳其、非洲一带。

造船业在北宋也很发达，当时在汴州（今河南开封）、温州、明州（今浙江宁波）等地设有造船务，每年制造漕运船三千多艘；还能制造重量一千多吨的大海船。这时的海船，体积大，构造坚固，便于远航，再加上指南针导航，是当时世界上最先进的海船。

北宋灭亡后，宋室南渡。南宋的统治区域比北宋少了一半。但由于农业生产最发达的江、淮、湖、广诸地都在长江以南，北方的工匠纷纷南迁，南宋军民的抗金斗争保障了社会的安定，这使南宋的社会经济进一步发展，使南方逐渐成为我国的经济重心。

由于北方农民的南迁和江南农民的辛勤劳动，南宋在农田开垦、水利灌溉和农业生产技术等方面，都有了新的发展。特别是南宋政府为了增加赋税收入，采取了发展农业的措施，奖励州县官兴修陂塘堤堰等水利灌溉工程，重视圩田的管理，使南宋的水利灌溉面积圩田面积有了很大的增加。南宋初期的 50 年内，各地兴修和修复的水利工程中，湖南漳州的龟塘，可灌田万顷；兴元府的三河堰，可灌田 9300 多顷；安徽芜湖的万春圩有田 127000 亩，宣州的化城圩有土地 880 余顷。圩田修有高厚的圩岸，可使水稻旱涝保收。太湖地区可一年两熟。此外，葑田、沙田、梯田、涂田等也大量开垦。农业生产技术以江浙一带及四川最为先进，江浙农民深耕熟耨，使土细如面。耕作时使用的犁铧，有尖头的和圆头的。还有一种删刀，专门破除杂草根茎。农业技术和工具的改进，更促进了江南农业的发展。

随着北人的南迁，在南方，麦的种植也逐渐普遍。棉花的种植也进一步得到推广，植棉区由两广、福建扩展到长江流域和淮河流域。此外，茶和甘蔗等经济作物的栽培也在江南更为普遍地发展起来。

南宋的制瓷、纺织、造船业等比北宋有了进一步的发展，生产技术有了新的提高。

制瓷业和纺织业在南宋手工业中占重要地位，瓷器和纺织品是南宋重要的出口物资。临安凤凰山下的官窑所制瓷器极其精致，釉色莹澈；制瓷中心景德镇的制品有"饶玉"之称；浙江龙泉的哥窑所产带碎纹的青瓷，也被奉为上品。纺织业最重要的发展是棉纺织业。随着棉花种植的推广，棉纺织业得以普遍发展，棉布逐渐成为人们主要的服装原料。当时江南不仅能织布，还能织棉毯。丝织技术也有了新的提高，苏州、杭州、成都设有规模宏大的官营织锦院。水转大纺车、提花机已普遍使用，大大提高了生产效率。

为了适应海外物资交流，南宋的造船业极为发达。明州、泉州、广州等造船中心常造可载五六百人的大海船。南宋海船采用水密隔舱，载重量在200吨以上。南宋时还制造车船。车船装有轮子，用脚踏轮，激水而行，快速如飞，技术十分高超，是现代轮船的"鼻祖"。

在辽代统治的二百多年间，由于各族人民的辛勤劳动与开发，社会生产力有了一定的发展。辽的经济以畜牧业为主，农业也有了一定的发展。辽迁移汉人和渤海人到适宜耕种的地区，下令"劝农桑，教纺绩"，还奖励垦荒，这些措施促进了辽农业的发展。

辽的手工业以矿冶、制陶、纺织业较为发达。冶铁业在辽兴办较早，在今鞍山就曾发现辽代矿坑，深达18米以上。辽代所制陶瓷制品中，有单色釉陶瓷器，还有三彩釉陶器，直接继承和发展了唐代的陶瓷业传统。辽的纺织业在汉人集中的地区较为发达，并且有纺织绫锦的作坊，其所出的绢帛曾作为礼品送到宋朝，物品极为精美。

1127年金朝灭北宋，统治北方。随着战争的减少、社会的安定，北方的社会经济有了一定程度的恢复和发展。

金朝的统治者一直很注意发展东北的农业生产。公元1115年，女真人使用从辽朝缴获的耕具进行生产。金统治者还采取"实内地"政策，把北方的汉人、契丹人迁移到东北，与当地女真人共同劳动，使东北地区的农业得到发展。中原地区由于采取鼓励开垦荒地的政策，垦田和耕地面积有所扩大，产量也不断提高。

手工业在矿冶、陶瓷、印刷等方面也有了恢复和发展。在今山西、河北、河南、黑龙江等地有冶铁业生产，并有金、银、铜的冶炼；煤矿在东北、河南、河北有开采；陶瓷业在辽、宋的基础上，较为发达。北宋时期的名窑如定窑、磁州窑、耀州窑也陆续恢复生产，但烧造技术及瓷器品质已逊于北宋。金代的雕版印刷业以平阳府（今山西临汾）水平最高，以《金刚经》《大藏经》闻名，其雕刻技术可与宋代媲美。

此外，宋辽金夏的科技成就也达到了历史最高水平，有很多居于世界首位的发明创造。

我国的四大发明早已誉满全球，其中三种发明于宋代，它们是活字印刷术、火药和指南针。培根于 1620 年在他的《新工具》一书中写道："这三种东西曾改变了整个世界的面貌和状态。第一种在文学方面，第二种在战争方面，第三种在航海方面。由此产生了无数变化，这种变化如此之大，以至没有一个帝国、没有一个教派、没有一个赫赫有名的人物，能比这三种机械发明在人类的事业中产生更大的力量和影响。"[1]1861 年，马克思对三大发明做出了更高的评价。他说："火药、指南针、印刷术——这是预告资产阶级到来的三大发明。火药把骑士阶层炸得粉碎，指南针打开了世界市场并建立了殖民地，而印刷术则变成了新教的工具和科学复兴的手段，变成对精神发展创造必要前提的强大杠杆。"[2] 这三大发明在中国历史进程中所起的作用并不十分显著，但它们通过阿拉伯人传入欧洲后，大大推进了世界历史的进程，对历史发展及人类的文明作出了极其伟大的贡献。

宋仁宗庆历年间（1041—1048），布衣毕昇发明了活字印刷术。他使用胶泥烧制的泥活字进行排版印刷，这是世界上最早的活字印刷，比欧洲早 400 年，是印刷史上的一大革命，也是我国劳动人民对世界文明

① 培根. 新工具［M］. 北京：商务印书馆，1936：114.

② 马克思. 机器、自然力和科学应用［M］. 北京：人民出版社，1978：67.

的重大贡献。

最早的指南针"司南"，早在汉代就出现了，但指南效果并不理想。到了北宋时期，人们已经掌握了利用天然磁体进行磁化的技术，并用它制造指南针。11世纪，指南针已普遍用于航海，对中外文化交流和海上交通起到了极其重要的作用。

火药的发明与炼丹有关，其最初配方源于唐初孙思邈的"伏硫黄法"，但火药的科学配方和大量应用于军事是在宋代。宋初，首都开封有专门制造火药的作坊，并用火药制造能发射出去的燃烧性火器。到了南宋，经过改进，发挥了火药的爆炸性，发明了"铁火炮""震天雷"，继而又发明了被称为"突火枪"的管形武器。这是世界上最早的原始步枪，它的出现标志着划时代的进步。火药由阿拉伯人传到欧洲，欧洲国家使用火器比中国晚三百多年。

宋辽金夏时期（960—1278）在数学、天文、医学、地理等方面都取得了许多令人瞩目的成就。

二

农业技术

（一）宋辽金夏时期农业发展概况

中国的华北地区，经过唐末及五代封建割据势力的兵战，农业生产及农田设施受到很大的破坏。北宋建国后，与居东北、西北的契丹、女真等族边界战事不断，全国的经济重心南移，依赖漕运南方的粮食及其他资源。到了南宋偏安江南，其政治、经济重心完全移到江南，完全依靠江南已有的和增加的农业生产以及其他财富资源，以供应人民所需及军费开支。这一时期南方的农业生产突飞猛进，水平已远远超过北方。北宋初期几年，一直采取轻赋薄敛的政策，招流垦荒，鼓励耕种，有时还放贷牛、农具和种子，定期分限缴还；设立农官、农师，发挥地方官对农业的督促作用，指导农事生产，并大力推广农具。真宗时还曾暂停熟铁不准过黄河的禁令，以满足制造农具之需。这些政策措施对迅速恢复、扩大耕地，发展农业生产有积极的推动作用。

　　宋神宗、熙宗年间，王安石推行新法，实行改革，促进农业发展。
如青苗法，规定每年夏秋收获前由政府贷钱或粮给农民，限制了富户对
农民的高利贷剥削；方田均税法按土地优劣定税额，使政府的田赋收入
有了保证；实施农田水利法，全国兴建水利设施万多处；将差役制改成
募役制，既方便了一般民户，又增加了政府收入。新法实施取得了相当
的效果，但因触犯了大官僚、大地主的利益而最终被废除。

　　宋王朝的建立，结束了长期战乱，人民得到休养生息，人口增加很
快。因此不断地扩大农田范围，向山区和水滨扩展，与山争地，变山为
梯田，与湖争地，变湖为圩田、围田；另一方面重视单产的提高，采用

梯田
梯田是一种阶梯式农田，是治理坡耕地水土流失的有效措施。中国梯田主要分布在江南山岭地区，其
中广西、云南居多。

了改进耕作栽培技术，增加复种，扩大高产作物，重视选苗、育苗及积肥，加强田间管理，注意保持地力常新等措施。另外，还创制了不少新的高效农具，发展中小型农田水利设施，北宋时，龙骨车的使用已很普及了，主要使用于湖乡山区山高水急的地方，使高低的土地都能得到浇灌。还进行了大规模的淤田盐碱地改造。这些都促进了农业的发展。

宋代农业的一大特点就是经济作物发展迅速。棉花已从东南少数民族地区推广到江淮一带，同时由于城市的发展，园艺业和养鱼业都有了很大的发展，禽畜的饲养和兽医技术都有显著进步，发展趋势超过了以往。

辽、西夏、金都是以牧业为主。辽在公元916年建立政权后，在农业上多利用战争中被俘汉人从事农业生产，从而吸收中原地区的农业经验，并引进了一些作物。它还针对多沙碛、无霜期短、寒冷和多风的自然条件，因地制宜地创造了垄作法。西夏在1032年建国后主要由汉人务农。金在1115年建国后较为重视务农，扩大了我国东北、西北地区耕地面积和农业区域，农业有一定的发展。但宋初以后基本上处于停滞状态。

北宋时麦已经向南方推广，南宋时为解决大量南迁北人的需要，便制定了鼓励种麦的政策，如允许只交种稻，种麦之利全归己有。种麦佃农有利可图，麦的种植在南方迅速发展。大豆种植在宋代发展很快。宋已开始用大豆榨油，北宋时已发明豆腐，大豆需求量激增。宋代时除北方继续扩大种植面积外，还特别在南方提倡种豆。陈旉在《农书》中就指出稻后种豆能"熟土壤而肥沃之"。棉花种植业的发展比较突出。北宋时棉花的种植区域仅限于两广和闽滇，到宋末已扩展到江淮流域。而麻类则因棉的发展而受到了影响，苎麻在黄河流域及南方主要产区缩减，在河南及沿海局部地区有一定的发展。甘蔗盛产于闽、粤、川、浙，以四川遂宁最为著名。宋人王灼著有《糖霜谱》一书，专门介绍种蔗和制糖（冰糖）的方法。

由于宋代每年要输出大量绢给辽、金等政权，蚕桑业颇受重视。南宋时，太湖地区已发展成为最重要的桑蚕产区。茶业在宋代有突出的发展。茶叶既是生活用品，又是国家的重要财源之一，宋代不少州郡以产茶著称。宋还在四川成都和甘肃天水设置茶马司，以川陕之茶换取少数民族的马匹和军品。另外，两宋时蜜蜂的饲养和淡水养鱼业都有较大的发展。

（二）农业土地的合理使用

两宋时的农田水利主要以中小型为主，大型工程较少。经过唐末及五代的战乱，关中许多农田水利设施都遭到了破坏。宋代首先修复扩建了不少古渠，如三白渠、汉中的山河堰等，恢复了原有灌溉面积。

王安石变法推行农田水利法，实行"淤田法"，在黄河中下游推行淤灌，颇有成就，规模空前，放淤的范围遍及陕、晋、豫、冀。据《宋会要辑稿》记载，当时开封境内淤灌后，每年增产几百万石。可见宋代淤灌改变盐碱地的效果相当显著。

宋时主要依赖漕运将太湖地区丰产的粮食运往开封等地，所以凡妨碍漕运的堤岸堰闸一律毁之，以致河网失控。同时，由于漕运所建的吴江塘

 范仲淹

范仲淹是北宋杰出的思想家、政治家、文学家，世称"范文正公"。其代表作有《范文正公文集》《睢阳学舍书怀》等。

路和长桥严重阻塞湖水下泄，加速了下游河港淤湮。为了解决这一矛盾，宋不得已只好疏浚太湖的入海港，修复一些圩浦堰闸。范仲淹、叶青臣曾分别疏浚白茆等浦和将吴淞江 40 里的盘龙江截为 10 里直道，加速排水。后来，赵霖廷主持了大规模的开浚工程。南宋时比较重视水利，但南迁的北方强宗巨族大量围湖占田，使湖面日减，水道阻塞，经常有旱涝威胁。

北宋时在福建莆田兴建的木兰陂是综合蓄灌工程，下能御海潮，上能截永春、德化、仙游三县流水，可以灌良田万顷。

宋代由于人口增加很快，平旷的土地不够用，开始开垦山、泽地进行耕种。土地利用范围扩大，主要表现有与山争地（梯田）和与水争地（圩田和围田）。

梯田在北宋中期以后有很大的发展。它是由畲田发展而来的。畲田是焚烧田地里的草木，用草木灰做肥料的耕作方法。范成大在《劳畲耕》的序中曾提到三峡原有的畲田就是在山上"刀耕火种"：先是砍倒树木，临雨前晚烧山，次日乘土温下种，几年后地力下降就弃之另辟新地。畲田造成严重的水土流失，并殃及山下农田。梯田是经"人工蹬削"而成的，采用等高线种法，将作物沿山横向的等高线种植一两条，苗出以后就可耘锄。后来发展到多条等高线种植，造成山坡层叠的梯田，既方便锄草，又便于蓄水。南宋的梯田有时还随山形的环曲，做成湾环的畸塍（田间土埂），并有进水口、出水口，以便灌排。有水源时种水稻，无水源时可种麦粟等。宋代梯田分布很广，在现在的川、粤、赣、浙、闽等地都有。但梯田大量发展超过一定限度时，也同样造成水土流失，不利于周围生态环境的保护。

圩田是在低洼多荡的地区筑堤，防止外围的水浸入的稻田，在宋代发展很迅速，是当时人们与水争田的主要方式，有围田、柜田、架田、涂田、沙田等多种形式。围田就是筑土作堤，捍御外水侵入，并设置圩岸沟河闸门，平时可以蓄水，涝时开闸排出圩内的水，旱时开闸引入外面的水灌溉。这样排灌两便，旱涝保收。沙田则是利用在河畔出没无常的沙淤地来耕作。涂田是海边潮水泛滥淤积泥沙生长碱草，由于年深日久形成大小不一的地块。耕种时要先在上面种水稗，待含盐量减少后再种水稻。这一方面要求筑堤挡住海潮，另一方面田内开出纵横的贮水河用来排水，主要靠雨水或上游的淡水灌溉，产量超过常田。由于宋代海塘工程的建设，沙田有所发展。

（三）土壤肥料理论和技术的重大突破

宋代在土壤肥料理论和技术方面有重大突破。以陈旉为代表的农学家提出著名的"地力常新"论，扩大了肥源，改进了积肥方式，出现了保肥设备，提高了施肥技术。

1."地力常新"理论

早在战国时就有"地可使肥，又可使棘"的说法，汉代王充也曾提出"勉致人工，以助地力"的观点。陈旉在他的《农书·粪田之宜》篇中发展了这一观点，提出了"地力常新"的理论。

陈旉认为：任何种类的土壤都可改良，而且各有其适当的方法，只要措施正确都能成功；对待不同性质的土壤要施适合它的肥料并加以观察，就像治病一样，对症下药；只要采取施肥等措施，就可使土壤更加"精熟肥美"，"地力常新"。

2.肥源

宋时广辟肥源，肥料的种类大为增加，有人粪尿、畜禽粪、饼肥、火粪、焦土肥、混肥、沤肥、石灰等近十种。

《农书》中指出，人粪尿未经腐熟不能使用，因为它会烧坏芽苗，

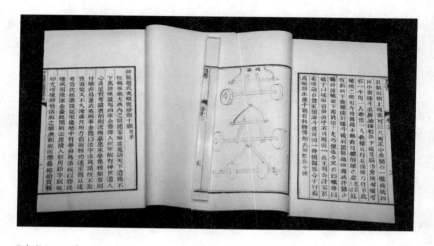

《农书》 ○┈┈

南宋陈旉所著的《农书》是我国有史以来第一部总结南方农业生产经验的农书，对古代的农业生产作出了巨大贡献。而元代王祯所著的《农书》是从全国范围内对整个农业进行系统研究。

使人手生疮，必须与"火粪"（即焦泥灰）混合腐蚀后才能用。宋代开始以豆榨油，所以榨油后的豆饼就成了一种新肥料。陈旉在《农书》中强调指出："麻枯"饼难使，必须用"细杵碎"和火粪（焦泥灰）一起堆成窖罨，就像做曲一样发酵，待到发熟，生"鼠毛"反复三四次，直待不发热为止。说明饼肥必须充分腐熟才能使用，并总结出一套使之发酵腐熟的经验。

火粪，据陈旉《农书》说它是将"扫除之土，燃烧之灰，簸扬之糠秕，断稿落叶，积而焚之"而成。这和现代浙东等地烧制的焦泥灰相似，关键在于烧时不能发火而只能冒烟，烧到发黑就成灰。

熏土肥，据《农书》说，春天来时，地"遍布朽薙腐草败叶以烧治之，则土暖而苗易发作"；在秧田里也要"积腐稿败叶，划薙枯朽根荄，遍辅烧治，即土暖且爽"。

泥肥，就是使用河泥为肥。据记载，宋时苏州地区普遍挖河泥为肥。

《农书》记载的"聚糠稿法"，就是在厨房旁凿一宽池，用砖砌好不渗漏。将舂米收集的谷壳、腐草败叶"沤渍其中",再加入洗碗水及剩饭剩菜等,"沤久自然腐烂浮沉"。这实际上就是现代的"沤肥",是在宋代发展起来的。

宋代开始使用石灰。《农书》说,在播种前将石灰洒在泥中,可以除虫害,在火粪中"杂以石灰,虫不能蚀"。当时施用石灰不仅用来治虫,而且还有提高冷水田地温、中和酸性土壤等作用。

3. 施肥和积肥技术

宋代十分看重合理施肥。《农书》就曾说过"用粪犹用药"。施肥要根据土壤和作物的不同而有变化,而且要把"用粪得理""种之以时"及"择地得宜"三者结合起来,认为这三者配合起来才能丰收。

《农书》指出:"寒泉常侵,土脉冷"的田,深耕冻垡春天必须熏土,这样"寒泉虽冽不能害";又提出瘦田多施肥,很肥的田应少施或不施肥。在对作物施肥方面,《农书》就提出种萝卜、菘菜时,冬前要"烧土粪以粪之",这样就"霜雪不能凋",可以安全越冬;而种桑也应该"以肥窖烧土粪以粪之",这样就可使土壤久雨不糊烂,久旱也不会坚硬开坼。

宋代开始对大田作物多次施追肥。陈旉的《农书》就指出种麦"宜屡耘屡粪",锄一次地就要施一次肥;大麻则要隔十多天施一次;苎麻也要"勤粪治","一岁三四次",才可"一岁三收";桑树在剪完后要扒开根,根四周土施"开根粪",每年还要另施二次追肥。据陈旉《农书》记载,苎麻种在桑行中,"因粪苎,即桑亦肥矣,是两得之也"。如能"粪苎因以肥桑,愈久愈茂",并说这样做"一事而两得,诚用力少而见功多也"。

宋代的农业生产对肥料需求迫切,非常重视积肥,并且开始注意保存肥效。北宋秦观在《淮海集》中就曾指出,在人多地小的地方,土壤肥沃而产量高的原因就是靠积肥、施肥和灌溉。南宋《梦粱录》还记载当时京师杭州有专门"载垃圾之船"，将垃圾成堆搬运而去作肥料，甚至还有经营粪业者，专门收集各户粪便，并各有范围而互不侵夺。陈旉强调积肥的重要性并身体力行。

宋代已注意到肥料积贮过程中要保持肥效。《农书》专门提出了粪屋这种既积肥又保肥的设备："凡农居之侧，必置粪屋，低为檐楹，以避风雨飘零，且粪露星月，亦不肥矣。粪屋之中，凿为深池，甃以砖壁，勿使渗漏。"这是我国历史上最早提出粪尿受到日晒、风吹、雨侵后就会严重降低肥效而导致"不肥"，最早提出要建造屋檐低矮而池深不漏的粪屋以保持肥效。

（四）农作制的发展与耕作技术的提高

1. 农作制的发展

宋以前南方种麦不多，南方在北宋时才开始种麦。到南宋中期南方已普遍由一季水稻发展为稻麦二熟。《农书》还指出过稻田适种豆及蔬菜。南宋时，稻后复种麦、豆、油菜、麻或蔬菜已较普遍。南宋周去非的《岭外代答》中曾记载广东钦州一年三季水稻。

《宋史·食货志》记载，宋真宗大中祥符五年（1012），浙、皖、赣等地旱灾，水稻歉收，引进占城稻，因其早熟、耐旱、"不择地而生"，在南方广泛种植，成为早籼中的主要品种。后来，又培育出各地的早、中、晚熟类型，和原有的早、中、晚熟品种搭配种植，为双季或三季稻的发展创造了条件。

《农书》记载了南方旱地的多种轮作复种形式。如小麦、大麻和蔬菜的复种，农历五月收获小麦、早大麻等作物，故要"五月治地"，治的是小麦、麻收后的田。另外，还有粟、芝麻、大豆和小麦的复种。陈旉指

○ 油菜

油菜原产于欧洲，是十字花科芸薹属草本作物，如今在世界各地广泛种植。油菜开花后形成的菜籽，可以用来制食用菜油。

出，全年计划中七月收粟、芝麻和早大豆，然后耕治这三种作物收后的地，接着在"八月社前即种麦"。总之，这种一年两熟是以麦为主的。

《农书》还丰富和发展了桑苎的间作套种理论和技术，总结出一套经验，利用"粪苎益桑"这种一举两得的经济规律，取得了"见力小而见功多"的经济效果；另外，还利用"桑根植深，苎根植浅"的植物层层结构的规律，取得了桑苎二者"并不相差，而利倍差"的结果。它告诉后人在间作套种中，应当充分利用间作套种作物之间的互利因素，尽量避免它们之间的互抑因素，才能取得最佳效果。

2. 水田、旱田耕作制的提高

两宋时期，南方水田、北方旱地的耕作技术都有了很大的提高。

两宋时经济重点转向南方，很大程度依赖太湖地区提供粮食。南方水田地区随着稻麦、稻豆、稻菜轮作复种一年两熟制的发展，逐渐形成一种水旱轮作的耕作体系。这一体系包括水田的"耕耙耖耘"和旱作的"开鳞作沟"整地排水两个环节。

南方水田的"耕耙耖耘"体系早在两晋就开始了，到宋代已相当成熟。

"耕耙耖耘"不仅要求耙碎土块和耖平地面，而且要求把泥浆荡起混匀，然后再使其沉积成平软的泥层。旱作的排水防溃是稻麦双收的关键。

《农书》还对水田的具体耕作技术作过总结。陈旉认为，水田冬耕时要"平耕而深浸"，这样才能沤烂残茬和杂草而使田土变肥。冬干田经冬促耕后，"放水干涸，霜雪冻沍，土壤苏碎"。在冬耕的基础上，就能达到"土暖而苗易发作，寒泉虽冽，不能害矣"的目的。

陈旉认为，水田要丰收，首先要培育壮麦。而培育壮麦的关键在于"种之以时，择地得宜，用粪得理"，同时又能"顾省修治"，而无干旱、水灾、虫害，"则尽善矣"。"种之以时"，就是要在天气尚冷的时候，先做好秧田的整治，以便等天气转暖后再播种，不能天气才暖就急忙下种。"择地得宜"，是说秧田要选"土暖且爽"的地，为此要"秋冬再三深耕"，利用冻晒的自然松土力，促使土壤苏碎，然后再经过"遍铺烧治黄土治田"。最后在春天再三耕治耙转，并施肥，才能达到"土暖且爽"的要求。"用粪得理"，要用充分腐熟的麻饼、焦泥灰和糠壳等沤制成"糠粪"，并要在冬耕后施下，而不能施用未腐熟的粪便。

在秧田的管理上，陈旉强调水浆管理，"秧田爱往来活水，怕冷浆死水"；要在秧田四周挖上沟，秧板间也要有沟，沟旁的土埂要宽些，这样才便于控制水层的深浅；播种后如果有"暴风"，就要赶快放水，以免稻种聚堆。如果有"大雨"就要增水，以免浮起谷根。如果"天晴"就要灌浅水，以免晒暖。灌水既不能太浅也不能太深。

另外，陈旉还着重总结了水田的耘田和烤田技术。

两宋时期旱地耕种技术的提高主要表现在犁深、耙细、提出秋耕为主，以及套翻法的创始等方面。

金元间成书的《韩氏直说》，总结了浅耕灭茬和细致耕耙以保墒防旱的经验，认为这样可以提高耕作质量，随耕随耱，就能减少耕种过程和土壤水分损耗，反复耙耱，能使土壤表层形成一个疏松的覆被层，减少水分的气态扩散；强调以秋耕为主，适宜北方旱地的夏秋多雨、春旱多风的气候特点，秋耕宜早，有利于大量接纳秋雨，蓄水保墒。

两宋时由于施行农业措施和一年两熟栽培技术，不但能杂植北方的粟、麦、黍、豆，而且引入新作物的产品的制造技术，并发展了南方原产作物的栽培技术。

（五）作物栽培及林、牧、渔等副业技术的发展

1. 农作物的栽培技术

两宋时经济作物发展极为迅速，桑、苎、茶、棉、蔗栽培面积扩大。为了满足生产发展的要求，除了常规的种子繁殖以外，这一时期开始出现了营养繁殖。棉花是利用其蒴果，桑、茶是利用其叶，苎、蔗是利用其茎。除棉花繁殖必须用种子外，其他用营养繁殖也可以快速培苗。

种子繁殖分为直播与栽苗两种，直播就是准备好土地将种子按预定的行距或穴距播下，栽苗则需通过苗床育苗，等苗长到一定高度时再移栽入本田。两宋时茶、蔗、棉都实行直播，而茶多种在丘陵地、倾斜地，不做畦，采用穴播丛植法。蔗、棉要做畦，不需移栽；桑、棉既要做畦，又要移栽。

宋代国内外大量需求蚕丝制品。丝出于蚕，蚕依于桑，而桑的生苗生产需三年，这就出现了营养繁殖快速成苗的方法。6世纪的压条法得到更进一步的发展，并创造了插条法、埋条法。压条法就是将植物枝条压入土中，使埋入土中的部分产生不定根，然后将它从母株切断独立成

株，优点在于切断前，压条能接受母株营养，易于成活。插条法则是将植物斫下的枝条插入土中，使它入土的部分不定根自行生长。埋条法是将树的干或其萌条留其树身或条身有芽的埋入预置的坑内，一方面使其根系发育，另一方面使其身不出土，但周围的芽成长成条。南宋时盛行桑的嫁接，技术水平已相当高。另外，湖桑是南宋时由鲁桑南移到杭嘉湖地区，通过人工和自然选择，高产优质。它的出现是蚕桑业的一件大事。

2. 园艺和育蚕技术

宋代的果树、蔬菜、花卉种植都已成为农业的重要行业，不仅表现在种类增加和优良品种不断大量涌现，栽培技术也有很大发展。

宋代的蔬菜种类增加不少。据《梦粱录》记载，南京、杭州就有蔬菜30多种。丝瓜最早记载于宋《老学庵笔记》，菠菜在宋已发展为主要蔬菜之一，而南宋时白菜品种多，品质好。果树的佳种在宋代大量出现。据宋韩彦直《橘录》记载，仅温州一地就有橘14种，柑8种，橙5种，并对它们一一作了详细的性状描述。宋蔡襄的《荔枝谱》中记载福州荔

菠菜

菠菜是极常见的蔬菜之一，菠菜种子是唐太宗时从尼泊尔作为贡品传入中国的。菠菜现遍布世界各个角落，中国各地均有栽培。

枝有32个品种。《梦粱录》记载了当时杭州的柿子就有方顶、牛心等10多个良种。这说明宋代果树已出现大量良种。花卉的发展也是空前的，北宋首都汴梁、南宋首都临安都有花市，洛阳和成都的牡丹、扬州的芍药都是当时的名产。

宋人对个别奇花异木的栽培作过总结性的具体叙述。如北宋鄞江周

氏著有《洛阳牡丹记》，刘蒙著《菊谱》，王观著《芍药谱》；南宋蔡襄所著《荔枝谱》，韩彦直著《橘录》，范成大著有《范村梅谱》和《范村菊谱》等。他们认为植物栽培和特殊管理必然会引起其机体的变异，发现花的颜色深浅、叶蕊繁盛，皆出于"肥壅、剥削之功"；同时也注意到由于显著变异产生新品种。《洛阳牡丹记》指出，溪绯牡丹原为紫花，因其中发现个别绯花，第二年用它嫁接就变成了绯色，称为"转枝花"。这是利用芽变进行嫁接培育新品种。人们对花木的生活条件、喜寒喜温特性有了充分的了解，就能够利用控制生长条件的方法控制植物发育，使变异的发生符合人们的需要。南宋杭州马塍的花农，用熏蒸促使牡丹、梅、桃等花早放，而要使桂花早放，就必须将其放置在深邃的石洞内让凉风吹袭。周密在《癸亥杂识》中曾提过一种"堂花"，用纸糊一密室，编竹置花上，利用对温度、光照的控制和调节，促使提前开花。

蔬菜的栽培技术也有不少发展。相关的记载最早见于宋元间《务本新书》，其中谈到茄子开花，"削去枝叶，再长晚茄"，就是用整枝打叶来控制生长发育，可使之分批结果而增产。

果树的栽培技术有嫁接、脱果、除立根、套袋等。脱果法是一种无性繁殖方法。据宋温革《分门琐碎录》介绍，农历八月用牛粪拌土包在结果枝条像"宏膝"状的弯转处，状如大碗，用纸袋包裹，麻皮绕扎，任其结实。到第二年秋开仓检视，如已生根就截下再埋土中使其持长。这在当时是重大创造。《橘录》就曾指出橘苗长到二三尺高时，要采取除立根的方法，促使侧根发展，吸收养分，否则枝叶不茂。宋淳熙《新安志》记载，当时种梨者已采用类似于现代套袋的方法，用浸过柿油的纸袋在枝头果实上包封，收果时没有虫伤瘢痕。

在蚕的养育方面已形成了一套经验：要着重选留良种，并在育蚕过程中对光照、温度、湿度、通风等条件进行管理和控制，以促进蚕的发育和结茧。宋代秦观的《蚕书》是我国现存最早的桑蚕书，记叙了山东兖州的养蚕法。元代的《农桑辑要》把这些经验总结成"十体""三光""八宜""五广""三稀"十个字，根据蚕龄掌握温度、湿度、伺蚕的快慢和饱饥程度等。当时对诱发蚕病的因素有了一定的认识，并采取防重于治的方法，通过合理饲养来减少病害。

3. 林、牧、渔等副业技术

（1）林业

两宋时期，由于江南经济的发展，人口增殖，在木材、役畜、淡水养鱼、农产品加工等方面的需求进一步增加，促进了林、牧、渔等副业技术的改进和提高。古代时，所有宫廷、居屋、营垒所需材料、农具、家具、车、船、战舰以及薪炭用材，都是靠采伐自然林木资源；采伐不足时，加强植树造林来解决。南宋偏安江南，树木全靠江南供给。林业生产、造林技术在很大程度上是借鉴了农业的许多生产技术创造出来的，如播造林、树木移栽的方向、时期和方法，苗圃育苗及嫁接法等。

北宋时，苏轼在《东坡杂记》中叙述过松子直播法。在初春用大铁锤在荒茅地上凿一数寸深的小坑，放上数粒果实，春天过后树苗就会生长出来。刚开始生长的树苗怕牛、羊啃，所以在荒茅地上用茅草作掩护。若在杂草不生的地方，就夹杂着一些大麦一起种，依靠麦荫才能成活，并用荆棘保护，有三五年就能长起来。利用林地上茅草和大麦同时播种作为幼苗的荫蔽，可使幼苗安全生长。到14世纪初，种松柏发展成比较完整的条播法和穴播法。

宋时对树木育苗、移植及施用基肥保证全苗特别注意，为往后的森林苗圃打下基础。陈翥的《桐谱》就曾指出，播树种要在地形高爽土层深厚的土壤，"低湿则不能萌矣"；而且用种子育苗时，要"先粪其地"，然后把树种"均散之"。

宋时张邦基的《墨庄漫录》还曾提到将胡桃嫁接到枫杨之上，有成活易、结实快的效果。

（2）畜牧业

在我国古代，耕牛一直作为主要动力。因此耕牛饲养的好坏，直接关系到农田的开垦数量和耕种状况及产量的增加。如果耕牛病弱或死亡，将极大地影响农业生产。

陈旉指出，由牧童牵放的养牛方式，多会造成耕牛饮食不足，体质瘦瘠。他在《农书》中总结了耕牛的饲养管理经验，从卫生、饲养、使用、保健、医疗几方面进行改进。首先要注意保持牛栏卫生，初春时，必须"尽去牢栏中积滞的藁粪"，以免"秽气蒸郁"，这样才能减少疾病的产生；喂耕牛饲草时一定要切细再拌料喂，严冬时则要"煮糜粥以啖之"，"即壮盛"，否则耕牛无法抵御寒冷；放牧之前要先饮水，避免青草吃得过多而发胀，夜间则要将鲜草切细混合饲喂，不能受饿；使用耕牛时根据不同季节，春夏早出早息，南方牛皆早凉时耕地，北方则实行夜耕，避开白天的炎热，冬寒时晚出早息，大热时则"须夙喂令饱健"，到临用时不可极饱，若极饱就会"役力伤损"；任何时候使用耕牛都不要使牛过于疲劳；过冬前贮备足够的过冬饲料，饲草要晒干，不会腐烂，还可以预收豆、楮及落下的桑叶，切成细碎贮积起来。这样天冷时用淘米水和上草、糠、麸、碎豆煮成前文所说的"糜粥"，易于消化。

从《农书》中可以看出，这一时期养牛方法从放牧、饲、喂、饲料及使用方法上有了很大的改进。宋代时已能初步区分牛的消化系统和呼吸系统的疾病。陈旉《农书》指出，耕牛便中有血是"伤于热"；"冷结鼻干而不喘，以发散药投入"，热结即鼻汗而喘，以解利药投之；若染有疾病，对病畜进行隔离，使"病之不相染"。可见，在牛医方面已能根据不同症状用药，在家畜内科病上有了一定进步。

宋室南迁后，将北方的蒙古羊引入南方，逐渐育成"无角斑黑而高大"的湖羊。湖羊耐湿热，惯舍饲，早熟，肉好，皮优，繁殖力强，南宋时在太湖地区已有分布。

另外，宋时在家禽的孵化上小有成就。宋代罗愿《尔雅翼》和《调燮类编》，都曾说到过利用牛粪发酵时的热量来孵化小鸡。这时人工孵化的方法还有用温火、温水的热量来孵化的。《调燮类编》中说到鹅在五六月天热时产的蛋不利于孵化，只要拔去"鹅两翅十二融翮"，就可以停止产蛋，到八月乃下。利用人工拔鹅融羽控制和调节产蛋时间，是我国关于家禽人工换羽最早的记载，也是当时的重要创造。

（3）淡水养鱼业

宋代淡水养鱼技术已有相当规模，在鱼苗的捕捞、运输和饲养等方面都有提高。

我们知道，江河水流速大，水温适中，两河会合的地方都是鱼类养孵之地。在四五月间，河水上涨，雌雄鱼从下流逐流溯上直到产孵卵地生殖。受精卵顺流而下，发育孵化成为鱼苗。南宋周密在《癸亥杂识》中指出："江州等处水滨产鱼苗，地主至初夏皆取之，出售以为利。"当时沿岸的渔民安置网具、捞箱进行捕捞。除少数留下自养外，大都用以出售。周密在书中还描述了鱼苗长途运输方面的情况：商贩置备篾篓、篾盖等用具，肩挑奔走日夜不息，并进行换水、送气及去杂鱼。特别指出长途安全运输的关键在于不缺氧，措施就是每天换几次新水和平时摇动容器，以便在水中增加和溶解更多的氧气。同时还要剔除有害鱼苗，以保鱼苗安全。可见当时在这方面已达到相当高的水平了。

宋时叶梦得《避暑录话》说，浙东多凿池塘养鱼，投放的鱼苗不到三年就能长到尺余长。宋代还发展了多种鱼混养的技术。周密在《癸亥杂识》中就曾记载，浙江渔民春季从江州鱼苗贩子处买来鱼苗，放入池中饲养。按池塘的大小环境，放入一定数目的青、草、鲢、鳙鱼苗进行混合饲养，综合利用天然水体中的天然食料，并按鱼苗的生长期分期予以不同种类的饵料，至第二年养成商品鱼出售。当时人们对草鱼食草、青鱼食螺已有认识。

（4）其他副业

两宋时期农村的副业生产主要为畜养，有养蚕、养猪、养牛、养羊，还有养蜂等；也有农产品原料加工方面的，如做豆豉、做酒、做醋等；还有就是纺织原料加工，有缫丝、剥麻、纺织原棉等。这里特别提一下，我国古代在认识和利用微生物方面的成就——制曲酿酒。

红曲是我国古代劳动人民的一项重大发明，宋代诗人有"夜倾闽酒赤如玉"的诗句，说明宋代时用红曲酿酒已十分普遍。随着人们对微生物认识的加深，曲的质量不断提高，种类增多，用途日趋专一化。宋代时，人们已经知道制曲的时候把优良的老曲涂在培养前的生曲表面，进行"传醅"，这类似于今天的接种操作，曲的质量更容易保证了。

（六）农具的改进与创新

北宋时期对恢复农业生产有关的农具的创造、改革及推广应用较为重视。南宋后，南迁的北方人与南方人共同开垦平地、丘陵及低洼地为田，进行各种各样的栽培。为满足这一过程中各环节的需要，多种多样的生产工具产生了。这一时期，新农具大量涌现，农具应用专门化，不同作物使用不同的农具，如割荞麦用推镰，割麦用推镰、麦钐，割水稻用钹等。而且从利用人畜力为动力发展到利用水力，由水磨、水碾、水碓进而发展到翻车式龙骨车、筒车等，利用水力运转以输水灌田。这对我国一年两熟农作制的改革有极大的推动作用。

宋代农具在改进中，为提高农耕效率，根据不同的作物创造出许多新的农具类型，以满足农业生产的需要。

铡刀

铡刀由一块中间挖槽的长方形木料和一把带有短柄的生铁刀组成，是专门用来给牲畜铡草料的。现在很少有人用铡刀了，只有农村一些喂养牛、马等牲口的家庭还在使用。

整地农具有踏犁、铡刀和耢。《宋会要辑稿》中说踏犁可"代牛耕之功半，比镬耕之功则倍"。宋代因缺少牛，曾多次推广过踏犁。铡刀又称"裂刀"，宋代用它开荒。其形如短镰，刀背特厚，一般装在小犁上，在犁前割去芦苇、荆棘，再行垦耕；或将它装在犁辕的头上向里的一边，先割芦苇，再行垦耕。耢是金代为适应东北垄作特点而创制的，能分土起垄和中耕。

秧马是用来拔秧的农具，可以减轻劳动强度。苏轼曾在《秧马歌》及序中记叙人骑在小船似的秧马上，两脚在泥中撑行滑动的情景。

宋时对施肥养土极为重视，发明有粪耧。耧斗后另置筛过的细粪和拌蚕沙，用耧播种时随种而下覆于种上，同时还有施肥的功效。

用于中耕的农具有耧锄和耘耢。耧锄是北方沿海地区出现的畜力中耕器，耘耢是宋末元初太湖地区新创稻田中耕农具，形如木屐，长1尺余，宽3寸，下列推列铁钉20多枚，背上装一长竹柄，可用手持着在稻苗行间来往松土、除草。

用来收割荞麦的推镰是当时新创，推镰是在顶端分叉的长柄上装上2尺长横木，两端又装一小轮，两轮间装一具半月形向前的利镰，横木左右各装一根斜向的"蛾眉杖"，可以聚割下的麦子，用大力推行，割下的麦子倒地成行，工效较高。而麦钐、麦绰是竹篾编成的似箕而深大的器具；麦笼也是用竹编成装在四轮木座上的底平口敞的箩筐。割麦时右手执钐割麦，左手握绰的短轴，两手协调动作，将钐割下的麦子随手纳在绰内，满后倒麦笼中，一人一天可收麦数亩。

灌排农业的发展，促进了灌排器具的创新与使用。南宋时翻车式龙骨车及筒车在江南一带应用很普遍。翻车式龙骨车就是翻车，又称"踏车"，是将连串的活节木安装到木槽中，上面附以横轴，利用人力踏转或利用牛力旋转，也有利用水力旋转者，活节木板连环旋转，沟溪河川的水随木板导入田中。它起水快，搬运方便，随地可用，深受南宋农民重视。它虽起源于汉代，但两宋时由于水稻生产需大量灌溉水，翻车作为运水工具得以大量制造、使用。筒车，是在岸上立一转轮为上轮，在河中立一转轮为下轮，两轮间用筒索连起来，筒索装许多竹筒或木筒，水流激动转轮，轮上的筒就依次载水注入岸上的田里。覆水后空筒复下依次载水而上，循环不止。北宋时，人们应用水磨、水碾，利用水力运转的原理，创造了自转水轮的简单装置，吸水、运水、覆水都用一轮。到南宋时，为提高其载水量，用若干竹筒系在轮上，增加输灌水量，这时才有"筒车"的名称。到了元代，进一步发展为上轮、下轮，可适用于田高岸深或田在山上的情况。

（七）农书和物候历

1. 农学家和农书

两宋时期出现了众多的农书。综合性的农书有陈旉的《农书》、楼璹《耕织图》、吴攒的《种艺必用》等，其中最为著名的是陈旉的《农书》。《耕织图》是宋浙江鄞州区人楼璹在浙江将访问农夫、蚕妇绘制的耕织图21幅，每幅都配诗。可惜的是原画已经失传，只有诗是原文。

专业性的农书范围很广，有前文提到过的王灼的《糖霜谱》，介绍种蔗和制糖等情况，是这方面最早且很有价值的专著；秦观的《蚕书》是我国最早的蚕桑书；茶书有陶穀的《苑茗录》、蔡襄的《茶录》等；果树、蔬菜书有蔡襄的《荔枝谱》、韩彦直的《橘录》、僧赞宁的《笋谱》、陈仁玉的《菌谱》；花卉的专著就更多了，有欧阳修的《洛阳牡丹记》、王观的《扬州芍药谱》、孔武仲的《芍药谱》、刘蒙的《菊谱》、范成大的《范村梅谱》、王贵学的《兰谱》等。此外，还有吴辅的《竹谱》、陈翥的《桐谱》等。这些都是我国古代劳动人民经验心血的结晶。

写于宋初（1149）的陈旉的《农书》，是我国最早专门总结江南水田耕作的小型综合性农书。陈旉可能是江苏人，生于北宋熙宗九年（1076），是一个学问渊博、不求仕进、"种药治圃以自给"的知识分子。他"躬耕西山"，所以他的《农书》具有很强的实践性。他74岁高龄写成此书，亲自到真州送给知州洪兴祖。洪见此书很合用，就让下属州县刻印传播。他的农书代表的区域性广，主要反映长江北岸和江南，特别是长江三角洲的情况。陈旉的《农书》连序带跋共约12500字，篇幅虽小，内容丰富。全书分上、中、下三卷，上卷概括地讨论了以水稻为主的耕作方法，其中也谈到麻、粟、芝麻、萝卜、小麦等辅助作物；中卷专谈水牛，水牛是江南地区适用于水田耕作的唯一役畜；下卷专谈蚕桑，从种桑起，直到收茧。

在前文谈到宋代土壤肥料理论的突破和施肥技术的发展，水田、旱地耕作技术的提高，园艺及育蚕技术，耕牛的养护等都大量引用了陈旉《农书》的观点。这些观点不仅反映了作者参加农业生产的心得体会，而且反映了当时农学技术的发展水平。

《农书》第一次用专篇系统地讨论土地利用，第一次明确地提出了两个杰出的对土壤看法的基体原则：一是土壤虽有多种，好坏不一，但只要治理得当，都能适合于栽培作物；二是土壤使用得当，则"地力常新"。陈旉还用专篇谈论肥料，对肥源、保肥和施用方法有不少创新和发展。农书还专门谈论南方水稻区的农业技术，并专篇论及水稻的秧田育苗。通篇字数虽少，但已具有相当完整的系统的理论体系。

2. 物候历

物候就是生物的周期性现象（如植物的发芽、开花、结实，候鸟的迁徙，某些动物的冬眠等）与气候的关系。我国最早的物候历是奴隶社会时期的《夏小正》，它是为便利农业生产而对各月的物候和农事活动的记载。

两宋时期，我国在物候观测和研究上取得了新的成就。目前，最早而又有一定内容的实测记录，是我国南宋吕祖谦所写的《庚子·辛丑日记》。吕祖谦是一位著名的文学家，浙江金华人。他在逝世前三年居家养病期间每天都记日记，并且写下他所留心的物候。日记从

《夏小正》

《夏小正》原是《大戴礼记》中的第47篇，是中国现存最早的科学文献之一，也是中国现存最早的一部农事历书。

淳熙七年（1180）正月初一到八年七月二十八日，记有腊梅、樱桃、杏、桃、紫荆、李、海棠、梨、蔷薇、萱草、莲、芙蓉、菊等20多种植物开花和第一次听到春禽、秋虫鸣叫的时间。这份物候资料是世界上现存最早的凭实际观测获得的记录，极为珍贵。

北宋科学家沈括对物候和高度、纬度、植物品种、栽培技术的关系等方面都进行了研究，并且在《梦溪笔谈》中记下他的科学见解。他说由于"地势高下之不同"，平原地区有"三月花者"而到山区则有"四

月花"。他认为唐代诗人所说的"人间四月芳菲尽，山寺桃花始盛开"是物候的常理。他还说南岭地区的草"凌冬不凋"，而汾河流域的树木是"望秋先陨"，都是因为"地气之不同"。他认为水稻有"七月熟者，有八九月熟者，有十月熟者"的原因是水稻本身的"性不同也"。他还指出栽培作物除自然因素制约外，提高栽培技术可使作物早熟增产。这里强调了人的因素，具有积极的意义。

三、水利工程、手工业及兵器工业

（一）水利工程技术的发展

北宋王朝建立后，结束了五代十国长期分裂的局面，加强了中央集权制。南宋偏安江南，促进了长江水利事业的发展。两宋时期实行对内强干弱枝、严防内变，对外消极防御、苟安求和的基本国策，给政治、经济、文化带来极大影响。两宋时期的水利工程方面，有开凿和组织以开封为中心的人工运河网；北方边防的水利着重于防御金人的入侵，长江下游地区塘浦圩田进一步扩展。

1. 农田水利灌溉工程

北宋初期的农田水利建设，主要集中在引水灌田和疏治旧塘老堰上，对战争破坏和由于其他原因废毁的旧有陂塘堰泊等水利工程进行修复。此外，还重建了襄宜平原的长渠和木渠。这两项古代著名的水利工程，经两宋的修建、扩建，已发展成渠网化的河流，渠系与陂塘相连，灌溉农田数千顷，使襄宜平原成为全国著名的粮仓。

熙宁三年（1070）王安石"熙宁变法"期间，是北宋兴修农田水利的高潮。熙宁二年（1069），北宋政府设立农田水利官主持全国水利和地方水利，颁布农田水利法，鼓励人民开荒垦田，兴修水利，规定州县报修工程，并规定出组织人力物力兴建工程的具体方法。这样就大大推动了农田水利的建设。这一时期放淤和淤灌的规模颇大，涉及面广，收到了明显的经济效益。

放淤措施不仅改良了农田，增加了农田的肥度和产量，而且调动了农民淤灌的积极性，推动了淤灌技术的提高。利用多沙河流进行半自然状态的放淤，已成为当时淤田的主要方法，并由大面积盲目放水漫淤，发展成为有目的有控制的放淤。当时人民已初步认识并运用不同季节黄河水的泥沙成分引水放淤，认为伏汛挟肥最多，规划淤灌在六月中旬。但限于当时的科技水平，遇到了淤灌与防洪、航运、排水、输水技术等多方面的困难。

北宋另一座著名的水利工程为木兰陂灌溉工程。这项工程布局巧妙，因地制宜，是我国沿用至今八百多年未废的少数水利工程之一。木兰陂位于今福建省莆田市西南五里的木兰溪上。它的修建先后历经20年，经过三次建坝兴毁，才于宋神宗元丰六年（1083）建成。

木兰陂的渠首是一座挡潮蓄淡的拦河石坝，设计和施工技术体现出我国北宋时期的水工建筑水平。陂首靠近灌区，不必长流远引，陂长根据洪枯不同时期流量悬殊的特点设计，充分发挥引蓄和泄洪的作用。建陂施工采用我国当时沿海一带建桥工匠常用的"筏形基础"形式，即在溪底铺设了一道横跨两岸的石筏，然后在上面布墩。朝下游的半个陂墩，用长9米的大石柱32根，名为"将军柱"，把这些大柱嵌入溪底

○ 木兰陂

木兰陂，全国五大古陂之一，至今仍保存完整并发挥其水利效用。现已成为全国重点文物保护单位（五大古陂：木兰陂、南安陂、官杜陂、芍陂、信丰古陂）。

的岩石上，犬牙交错，熔生铁灌注固基，再以千斤重的块石砌筑石柱周围，使其牢固。朝下游的半个墩，用断面 0.9 米 ×0.9 米，长 2 米的大石条相连，其间用元宝形的铁锭相连，成为一个牢固的整体建筑物。时至今日，经过 800 年无数潮击浪打，木兰陂仍然屹立无恙。都江堰是我国公元前 250 年所建的最著名的水利工程，宋代对都江堰灌区进行了进一步的维修扩建和管理。

宋室南渡，建都临安，将经济重心完全转移到南方，就更加重视农田水利工程。在江南东路、太湖地区和浙西一带，兴建农田水利，在襄宜平原、成都平原多次维修、扩建农田水利工程和都江堰灌区。南宋时期对太湖的治理很是重视。北宋时期范仲淹就提出过，治理太湖，应采用浚河、修圩、置闸三者结合的工程措施，郏亶、郏侨、单锷、徐大业等人都提出了不同的治理措施，而且北宋时在"开江浚浦"这方面做了不少工作。为了改善太湖地区的排灌和航河，北宋还在苏州、淞江、尾山、宜兴一带筑堤、建桥、开塘、置闸。南宋治理太湖又进了一步，做了大量疏浚港浦和围田置闸的工作。

两宋时期，江浙沿海地区地形发生变化，海塘的建设增多，施工技术也有提高。兴筑海塘初期多沿用吴越时期筑竹笼石塘的方法，宋真宗大中祥符五年（1012），学习借鉴黄河河工中埽工技术，改筑柴塘，即用一层柴薪一层土，相间夯筑。这种施工既节工省料，又提高了抗冲能力，特别适用于软地基。但因费柴太多，进一步发展成为石塘。海塘迎面用石砌成直立式，逐级内收，底宽顶窄，略有斜坡，大大增加了石塘的稳定性，可防止海水的渗透。塘基外部用竹笼装石做护坦，既削弱了波浪的冲击力，又保护了塘基不被潮流冲刷。并将岸线设计成略有曲折的波纹形，以削弱潮流的冲击力。这种石塘在北宋逐渐多了起来。

圩田与围田是我国人民在长期治田治水实践中创造的农田水利的一种独特形式。圩田就是在浅水沼泽地带或河湖淤滩上围堤筑圩，把田围在中间，把水挡在堤外；围内开沟渠，设涵闸，有排有灌。宋代的圩田有三个主要特点：一是田有围堤，可障御水势，保护田亩，当时已把堤岸改为内、外两层，堤上有路供行人行走，堤下种植芦苇以固堤脚，堤外则种植杨柳；二是堤有闸门，可相机启闸以调节圩内水量，旱时开启以江湖水溉田，涝时关闭以防外水内流；三是圩内水沟纵横相通，利用水车车斗，可排泄田中积水，亦可引水灌溉。

宋代圩田主要种植粮食，产量也很高，对两宋经济起到了很重要的作用，因此受到宋政府极高的重视。

北宋为了抵抗辽军入侵，重要的措施之一就是把边防地区的水利作为防御工事兴建。在今河北保定，东经雄县、霸州市，直到直县附近（今白洋淀的东西南一带），沿边界低洼地区开挖塘泊。这些塘泊又称

"方田",为矩形,水深2~3米。将一些河流与淀泊连接起来,形成一道"深不可舟行,浅不可徒涉"的水系。经过扩展和完善,从保定西北的沈远泊(今徐水区东北)起,东起沧州泥沽海口(今天津泥沽村),长800多里的地方布满塘泊,并派专人、专船巡查和管理,构成了一道水上屏障。它有效地制约了辽国铁骑的入侵,使辽骑通道减少,宋军队可集中力量抵御敌骑。同时,它还能够沟通各河流、淀泊,增加水稻收成,减少水患。

2. 宋金时期治理黄河的河工技术

北宋建立后,黄河河患日益加重。北宋160多年中,黄河先后七次大决溢后改道、改流和分流,受灾地区广,原有的堤防基本上已失去抗洪能力。河患加重,不仅对沿岸农田威胁很大,而且对汴河航运、京师的安全有重大的影响。北宋政府倾注很大的人力、物力治理黄河,从事河防,但由于生产力发展和科技水平所限,收效并不十分显著。但宋人在探索治河之道的同时,积累了大量经验教训,对后来的元、明、清都有一定的影响。

(1)堤防技术

大河两边的堤岸起着限定河水泛滥的作用,宋代时就有正堤、遥堤、缕堤、月堤、横堤、直堤、鉴堤等,种类很多,其规模、形状及作用略有不同。大河两岸的正堤,一般称"堤",遥堤则为正堤以外的最外一重堤,主要作用是在大河汛期将河水限定于遥堤以内的地方行流,尽量把泛滥的地方控制在一定范围内。从元丰四年(1081)水官李立的奏折中可知遥堤之间很宽阔,有时要迁出一些县、镇。缕堤是介于正堤和遥堤之间的第二重堤,有"预备堤"的作用。若正堤决口,可加强缕堤临时抵挡水势。黄河堤防虽不像汴渠堤防那样严格,但一些重要城镇附近和主要险段比较注意堤防质量,有的地方甚至建成石堤。《河防通议》中详细地记载了修砌石岸的施工方法，施工程序严密，对石堤基础要求较为严格，有的土质堤岸由于常年维修，规模相当庞大、坚固。如元丰三年（1080）郓州所筑遥堤长20里，下阔60尺，高1丈。若以顶宽1丈算，则边坡比达1：2.5，堤身断面尺寸是比较科学的。

另外，还年年发动黄河两岸附近居民种植榆柳，有效地加固堤防。

（2）埽工技术

埽工技术是北宋河防最主要的技术之一，宋不仅用埽堵口，而且还用埽筑堤、护岸。埽是把树枝、石头等用绳子捆紧做成的圆柱形东西，用它来保护堤岸防水冲刷。

由于埽的重要作用，埽工技术日臻完善。《河防通议》中详细地记载了埽工的制作：在密布的绳索上铺一层榆木柳条之类，再在其上铺土碎石，并用粗大的竹索横贯其中，卷而束之使它形成圆柱形的整体。卷埽时要用数百人扛大木卷起，每卷一层，都在上面架上大木梯，众人站立在梯上压紧。每个大埽一般长30步（100尺），直径约为10~40尺左右。北宋每年制埽都很多，它们一部分作为储备以堵口应急，一部分用作修理，一部分用作护岸。

（3）护岸技术

北宋时护岸技术有束埽护岸、木笼护岸、石版护岸、锯牙护岸等。

束埽护岸简单、有效，至今仍在沿用，但不能经久。北宋天禧五年（1021），陈尧佐曾采用木笼护岸；李若谷则曾用石版护岸的方法作本州附近河堤护岸，他"制石版为岸，押以巨木，后虽暴水，不复坏"。

另外，还经常采用锯牙护岸，就是在河堤内修筑一系列锯齿状的短土堤、石堤或木堤，以挑开暴流，防止啮蚀堤岸。

（4）堵口技术

堵口的难点在于合龙。通常堵塞决口要合口时，中间下一个埽，称为"合龙"。《河防通议》中"闭河"一节，专门记载北宋堵口合龙的技术和过程。书中指出，合龙前，要首先检视龙口的深阔、水流情况及土质。随后在龙口上游打星椿，然后在星椿内抛下大木巨石，接着从两岸各进草占三道，土占两道，并在上面抛下土石包压住，闭口时同时急速抛下土包土袋。合龙后，在占前卷拦头埽压于占上，再修筑压口堤。最后在迎水处加埽护岸。

沈括的《梦溪笔谈》曾记录河工高超的堵口技术。庆历年间（1048）黄河在商胡决口，久堵不成。高超建议把埽分成三节，每节20步，两节之间用绳索或缆索连起来。先下第一节，等它到水底之后，再压第二节，最后压第三节。他指出如果第一节没堵住水，但水势必减半；到压第二埽时，只用一半的力，即便水流还没断，不过是小漏；而压到第三埽时，就平地施工，可以充分使用人力；而等到第三节都处置好了，前两节自然被浊泥淤塞，不用多费人力。

合龙时除了经常采用大埽堵口外，北宋还创造了一种"横埽法"堵口。这一方法于元丰元年（1078）提出，后来作如常法推广。横埽法，进占速度比直埽法慢，迎水面积大为减少，受水流冲击大为减轻，全埽因受水流冲击力而离开龙口位置的时间差也要比直埽法大得多，从而大大延长了压埽施工时间，成功率提高了，是一个很大的改进。

在北宋，堵口时有时还在上游先行分水，减少下游水差，减轻合龙难度。

（5）开河技术

北宋时经常采用开河（开凿新河）分水的办法来减轻河患，开河技术有一定提高。《河防通议》中"开河"一节，论述详细。首先要观察上游的地形和水势，并测量河床高程的变化。还要选择在枯水季节施工，冬季备料，春季施工，洪水到来之前完成新河开挖任务。新开引河口应留一临时隔堰，使水流顺势而下，保证一定的流速，以防新河淤积。开河应因势利导。若河势成"丁"字形，水流正撞堤岸，剪滩截嘴、疏浅开挑，费功不便，但可解一时之急。如地形适宜取直开挑，须先固定口门，分水势以解堤岸之急。如果要将主流引入新河，应于对岸抛树枝石块影响水势，然后用树石加固河口，损而复备，直到坚固不摧。这样，新河可成，旧河即淤。

古代开河技术的总结，远没有上升到定量的程度，但总体上是适合治河原则的。

另外，在宋代还出现了疏浚泥沙的疏浚机械。《宋史·河渠志》曾记载，熙宁六年（1073），李公义发明了"铁龙爪扬泥车法"。当时所用疏浚的爪形铁器是近代疏河船的先驱。宋室南渡后，宋金对峙以淮河流域为界，黄河属金统治。这一时期史料不多，但可知金代黄河极不稳定，多次决溢。金代由于科学水平和财力限制，不可能提出根治河患的有效主张，其治河主张如疏浚、分流、加强堤防、修筑月堤等，都与宋人的方策相仿。

3. 运河工程技术

运河，就是为了运输而开凿的人工河流或疏浚自然河流使其达到通航的要求。北宋时期对汴河进行了大规模治理，同时还大力整治、扩建了蔡河、五丈河和金水河，使其与汴河（汴渠）一同在汴京（开封）交汇，构成著名的"汴京四渠"。北宋之所以建都开封，就因为它濒临汴河，可以从东南地区获得源源不绝的漕粮，因此宋代对汴渠极为重视。最能体现宋代运河技术成就的就是汴河工程技术及复闸和澳闸的出现。

（1）汴河工程技术

汴河主要是引黄济运。宋代汴河引黄河水口不止一处。北宋没有设置永久性闸门节制黄河进水量，而是采用人工控制汴口宽窄以节制流量。汴河水涨时，把汴口塞小；汴河水落时，将汴口拓宽。这种方法技术简单，就地取材，方便灵活，但每次汴口改动都要劳师动众，人力财力消耗很大。

由于黄河水含沙量大，使得汴河淤积相当严重，汴河疏浚成为维持汴河生命的一项关键性措施。除直接人工清淘外，还采用狭河工程，以木桩、木板为岸束狭河身，加大水流速度，使运河有利于行舟，同时泥沙更多地被带走，减慢淤积速度。

宋人曾想尽办法避免黄河对汴河的影响，采用了"导洛通汴"，引洛水入汴河，这是宋代运河技术的一项重大建树。导洛通汴，又称"清汴"，于元丰二年（1079）三月二十一日兴工，六月十七日完成，七月改用洛水入汴，并通漕运导洛入汴，使得运河通航期延长，行船也比过去安全，汴渠的维修人员减少，最重要的是洛水含沙量少，汴渠淤积速度大为减缓。清汴不仅是改变运河水源的问题，而且是测量、开凿、置闸、防洪、水枢等各项运河技术的综合运用，是宋代人民人工运河事业的重大成就。

在运河水源不足的河段，常利用天然湖泊或人工湖泊贮蓄水量，以补充运河用水，成为水枢。

由于汴河巨大的经济价值，汴堤修筑得十分牢固。宋时设置专阁沿河巡护。为固护堤岸，沿岸种植榆柳。榆柳生长较快，成材后，干粗根深，深入堤下，将堤岸与土基紧紧连接，使堤岸成为牢固的整体。

（2）船闸的发展

宋代劳动人民在唐代用单闸节制用水的基础上，创造了复闸和澳闸。船闸最迟在雍熙元年（984）就已出现。船闸由上下两道闸门和闸室组成，闸室一般长100米左右，闸门多采用叠梁式。船闸工作是利用"水涨船高，船随水落"的原理，当上游来船时，上闸门打开，使闸室

船闸

船闸又称"厢船闸"，是用来保证船舶顺利通过航道上集中水位落差的厢形建筑物。

与上游水位齐平，来船平水进入闸室。随后关闭上闸，使闸室水位与下游平，来船又平水出闸室，驶向下游。下游来船时，过闸程序相反。此外，宋盐官县长安堰还建有二级船闸。二级船闸的作用相当于两个船闸并用，便于调节，并且更为节省水量，常在坡度较陡或落差较大的河段上建造。二级船闸的出现，是船闸技术的进一步发展。

船闸的出现克服了运河地形上的限制，减少了水耗，平水过船减少了盘驳索挽之劳，从而大大提高了漕运能力。

所谓"澳闸"，就是在闸旁建有蓄水池，能同时将闸门放出的水储入水池，当运道来水不足时，则将蓄水池的水用水车抽回闸室使用。澳闸可以有效地节省用水，蓄水池修建也很简便，因此，在淮南江南运河中水源不足的河段逐渐得到推广使用。

宋代的复闸和澳闸，已同今天的新式船闸基本相似，确实是中国航运史上的重大技术突破。荷兰在 13 世纪才有了简便的船闸。

除了在上述水利工程中体现出来的古代水文学成就外，值得一提的还有宋代的吴江水则碑。宋代吴江上立有两座水则碑，一座记载一年内各月、各旬的水位变化，另一座用来记载各年的水位变化。吴江的《吴江考》卷二曾记述，碑有"横七道，道为一则。以下一则为平水之衡。在一则，则高低田俱无恙。过二则，则极低田（淹）。……过七则，极高田俱"。上石碑上刻有"大宋绍熙五年水到此""大元至元二十三年水到此"字样。这是我国历史上记载的最早的直接为农业生产服务的"水位站"。

（二）活字印刷术的发明与雕版印刷的发展

1. 活字印刷术的发明

活字印刷术是我国古代的四大发明之一，它是印刷史上的重大革命。虽然在唐朝雕版印刷技术已经接近完美，宋代又是我国雕版事业发展的鼎盛时期，但是雕版印刷需要很大的人力、物力，刻一部大部头的书往往得几年、十几年甚至几十年的工夫。宋代社会经济文化得到了很大的发展，书籍的需要量大增，人们迫切需要寻找一种比雕版印刷更省工省事、效率更高的办法。在这样的社会需求推动下，布衣毕昇（990—1051）于宋仁宗年间（1041—1048）发

活字印刷术

活字印刷术是中国古代劳动人民经过长期实践和研究才发明的，这一项发明成为印刷史上一次伟大的技术革命。2010年，由中国申报的"中国活字印刷术"被列入联合国教科文组织"急需保护的非物质文化遗产名录"。

毕昇

毕昇是中国古代发明家，活字版印刷术的发明者。他认真总结了前人的经验，发明的胶泥活字印刷术，被认为是世界上最早的活字印刷技术。

明了胶泥活字，创造了世界上最早的活字。这种方法可以节省雕版费用，缩短出书时间，既经济又方便，和现在的铅字排印是一致的。

毕昇的这一发明，在宋代沈括《梦溪笔谈》中留下了最可靠的记载。宋仁宗庆历年间，毕昇用小块胶泥刻成薄如铜钱的字。一个字刻一个印，用火烧硬。先准备好一块铁板，在上面敷盖上一层松脂、蜡和纸灰。印书时，在铁板上放一个铁框子，把所要印的活字按顺序排在铁框里，满一铁框就是一版，然后用火烤，待松脂、蜡等稍一溶化，再用平板一压，字面就像磨刀石一样严整。冷却以后，一排排泥活字就凝固得很牢，印刷时不至于散落。一般总是使用两块铁版。用一块印刷时，又在另一块上排字。一版印完，另一版已排字就绪。这样轮番进行，印刷的速度很快。每个字形都要准备很多个泥字，常用的字要造二三十个，以备一版里重复使用。泥字不用的时候，用纸贴上标签。同韵的字用一张标签，用木盒贮藏。如果出现少用的生僻字，事先又没有准备好，可以现刻现烧现用。沈括还记叙了毕昇不用木料刻活字，是由于木料的纹理有疏有密，而且木料吸水，排成的版会高低不平；更由于木字会粘在药物上，不易迅速从版上取下，因此不如烧泥活字。印完后，再将印版靠近火，使涂料溶化。只用手轻轻一拂，泥字就都落下了，一点也不会弄脏。毕昇死后，他的泥字为沈括的子侄们所收藏。

沈括的记载把泥字制作、排版、印刷、拆版的技术细节，作了完整的介绍，还论述了活字的长处及不适当字料的缺点。从"若止印三二本，未为简易；若印数十、百、千本，则极为神速"看出，这与今日印刷数量越大平均印速越快是一个道理。而且沈括还用"常做"二字，说明毕昇用泥字印过多次书，他还采取排印流水作业的方法。沈括在《梦溪笔谈》中还曾谈到他收藏的十卷《韦苏州集》都是泥版印刷的，其书纸薄如细茧，墨印若漆光。我国最初的木活字印刷术，大约在14世纪传到朝鲜、日本，后来我国的活字印刷术经由新疆传到波斯、埃及，再传入欧洲。受中国活字印刷的影响，德国约翰·谷腾堡在1455年用铅、锡、锑的合金制成欧洲拼音文字的活字来印刷《圣经》。中国的活字印刷术比谷腾堡要早400年。

中国的活字印刷术发明很早。虽然后来元朝的王桢、清朝的李瑶、翟金生都对泥活字做过改进，并用之印过书，但令人遗憾的是，始终没有广泛应用过。因为中国文字与拼音文字不同，一副活字中，每个活字至少要20个甚至更多，这样总数通常要超过20万，而拼音文字的全部印刷符号总共不超过100个。由于中国文字的特点，降低了活字印刷的优越性，只有印数巨大的活字排印才能显出优势来。而在投资方面，制造大量活字需要作坊主一次性付出巨额投资，这与板材及雕版的低额成本相比，也十分不利。雕版与活字版相比，可以长期保存，一再使用，偶尔才需修补一下，特别适应中国传统作坊的供求情况，旧时书肆往往一次只印几十部就把雕版藏好，需要加印时再取出来，以避免存书过多不利于资金周流。这样，雕版印刷在中国传统的印刷中独领风骚，而技术上更为先进的活字印刷术却一直被埋没了。

2. 雕版印刷术的高度发展

宋代是我国雕版印刷事业发展的鼎盛时期。两宋所刻印的书籍从数量、字体、版印、用纸、规模、发行等方面都达到了历史上的最高水平。宋王朝建立政权以后，为了巩固国家的统一，加强中央集权，在政治、经济、文化等方面采取了一些改革措施，改革了科举制度，广录人才，学习文化的社会风气日益浓厚。这也就使书籍的需求量日益增大，为刻书业的发展创造了客观条件。

唐代的雕版印刷技术已经达到了相当高的水平。经过五代，雕版印书得到了进一步的发展，在人力、物力和技术上创造了有利的条件。再加上书籍需求量大增，更加促进了印刷业的空前繁荣。为了适应政治和文化的需要，许多政府机构、单位、书坊和个人都积极从事刻书事业。这时刻书分为官刻、私刻和民间刻三种类型，在江浙、四川等地区极为繁荣。

官刻就是由中央官府和地方官府经营管理的出版印刷机构，主要刻印刑典、儒家经典、史书、正经，还校刻了不少医书。宋太宗年间（983）雕刻的佛教《大藏经》，是世界上最早雕印的卷幅浩大的佛经。

《大藏经》

《大藏经》是佛教经典的总集。现存的《大藏经》，按照文字的不同可分为汉文、藏文、巴利语三大体系。

民间刻是指民间集资刻书。如寺院、道观、祠堂等用集体出资或募捐得款雕刻之书，都称为"民间刻本"。私刻是指私人资助刻印书籍。如私宅、私塾、书坊、书棚、书肆等出资雕刻之书，都称为"私刻本"。宋代的私刻本极为普遍。我国现存最早最完整的法医学专著《洗冤集录》，就是南宋时宋慈自撰自刻本。他根据自己任法官时的办案经验和前人的办案资料，于宋理宗淳祐七年（1247）编成此书，并出资刻印。可惜已失传，现存元刻本。

北宋时刻书多用欧阳询字体，整齐浑朴，以后逐渐流行颜真卿、柳公权字体，南宋时逐渐出现一种秀劲圆活的字体。宋代的装订多采用蝴蝶装，用较厚的纸包裹作为书皮，从外表看，厚皮包背。宋代后期，又出现了包背装。北宋时期，木版雕刻已经发展到铜版雕刻了。这时还出现了用两色三色套印的钞票，这是雕版印刷的一个重大突破。

蝴蝶装

蝴蝶装是将印有文字的纸面朝里对折，再以中缝为准，把所有页码对齐，用糨糊粘贴在另一包背纸上，然后裁齐成书。因其展开后形似蝴蝶，故称为"蝴蝶装"。其始于唐末五代，盛行于宋元。

我国现存最早的古代书籍，有不少是宋代雕印流传至今的。唐代名医孙思邈的《备急千金方》，是我国最早的临床实用百科全书，是北宋时期刻版印刷的；我国现存最早的数学著作《周髀算经》和数学专著《九章算术》，都是南宋哀宗正大八年（1231）刻成的；我国现存最早的刻印围棋专著，是南宋御书院棋侍诏李逸民编辑的《忘忧清乐集》。此外，传世的宋刻本还有《说文解字》《尔雅》《文选》《资治通鉴》等。这

《说文解字》

《说文解字》是由东汉文字学家许慎撰写的，是中国第一部系统地分析汉字字形和考究字源的字书。这一著作在中国语言学史上有极其重要的地位。

也说明了雕版印刷对传播、保存古代文化遗产是多么重要。

在我国北方，与宋王朝同时代的契丹、女真、党项等游牧民族分别建立了政权，并逐步侵入宋土。由于文化落后，他们在征服和治理汉族时，吸收了汉族的文化，而且也学会了运用印刷技术。10 世纪，契丹族的辽（907—1125）就以汉文为基础，创造了共有 3000 词汇的契丹文字系统，并把许多汉文经、史、医药书籍译成

应县木塔

应县木塔位于山西省朔州市应县，是中国现存最高、最古老的一座木构塔式建筑，全国重点文物保护单位，国家 AAAA 级景区。

契丹文印刷出版。此外，辽还大规模利用雕版佛经、佛像、数学等汉文书。1974 年，在山西应县木塔中发现辽代的《契丹藏》以及大量珍贵的印刷物。辽代的《契丹藏》，又称《大藏经》，是用汉文雕印的，大字楷书，苍劲有力，工整飘逸，刀法圆润，行间疏朗，排列整齐，版式统一，是我国现存最早雕印的《大藏经》。同时，应县木塔发现的印刷物中还有很多精美的雕版彩色套色印刷以及雕版漏印的实物。

1115 年，金在我国北方建立政权，在政治、经济、科举等方面进行一些改革，创立了女真文字，发展其民族文化。公元 1153 年金定都中都（北京）后，造纸和印刷业有了一定的发展。金代刻书以中都、东京（开封）、平阳、宁晋等地为中心。金代的刻本字体清秀，雕刻精细，文大注小，排列合理，配合得当，足证当时雕印技术颇佳。地处东北地区和蒙古西北的党项人，于公元 1031 年建立西夏政权（990—1227），都城在今宁夏境内。西夏在 1036 年以汉文和契丹文为蓝本，创造了西夏文，并用它翻译印刷了不少汉文书籍。西夏经常与宋朝交换礼品和书籍，它曾多次得到佛经，并把一些佛经译成西夏文印行。

3. 独具民族特色的印刷

（1）木版套色印刷

木版套色印刷是我国发明的，起源于何时，尚无结论，由于 1974 年发现了辽代彩色套印的佛像佛经，很多人认为是辽代。最近发现的辽代套色印刷物的印刷方法，既有彩色套印，又有手工染色，说明辽代的套印物在技术上有所提高。

1974 年，在山西应县木塔中发现了辽代的彩色雕版套印的《炽盛光九曜图》和彩色漏印的《南无释迦牟尼佛像》等七件印刷物，从中可以看到辽代的画工技术和雕刻技术。其刀法圆润，线条清晰，刻版精细，套印准确，比唐代的雕版技艺更加熟练。《南无释迦牟尼佛像》中人物形象和轮廓是印刷的，面部五官和手足是用笔墨手工勾画的。这三幅套色印刷物，是彩色漏印的，先制成两套漏版，漏印了红色，再换版漏印蓝色，然后用笔染上黄地，这和当时民间漏印染花布的方法基本一致。

用白麻纸雕版印刷的《炽盛光九曜图》，是先印刷出通幅线条，然后再用毛笔着色的，画幅长120厘米，宽45.9厘米，能够一次印成，也是雕版印刷技术的一大进步。最早的木刻套印，是用几种颜色涂在一块雕版上印刷的。但这种方法费工费事，容易脏污，效率很低。后来发展成为用几块版套印的方法，这是按原稿有几种颜色就刻印多少块版，然后再按颜色的先后次序一色一色地印，这就成了几种颜色的书和木刻画了。这种套印方法，雕版的尺寸要求十分严格，印刷时精确地放在固定的位置上，不能有一丝一毫的移动。在当时没有精密的量具和卡具的情况下，完全靠熟练的技巧和严肃认真的态度才能套印准确。所以说，套色印刷把印刷术又向前推进了一步。

在我国古老的套色印刷中，雕刻木版年画有自己的特色。最初的年画是手工绘成的。到了北宋时期，东京（开封）就有了木版印刷年画。我国现存最早的木版年画，是俄国人柯基罗夫于1909年在我国甘肃黑水城一古塔中盗掘的《四美图》，现藏在俄罗斯亚历山大三世博物馆中。这幅年画是金代民间保存下来的。

由于雕版的发展，年画由单色发展成多色，由手工敷彩发展成多色套印。在套印技术上，既有雕刻版印，又有木版水印，这使年画广泛传播，成为我国一项古老的传统艺术形式。

（2）纸币印刷

我国是世界上最早印刷纸币的国家。纸币印刷最早出现于北宋，距今已有近千年的历史。

最早的记载是在宋太宗开宝三年（970），政府设置专门汇总的机关"便钱务"，将商人交来的货币藏于政府的国库，发给一纸印刷的收据，商人可以到指定地点取款，这是一种交换证券。宋太宗雍熙二年（985），政府发行茶盐证券。我国大约在宋真宗景德二年（1005）开始印刷纸币，称为"交子"。这是世界上最早的纸币，比欧洲第一次出现瑞典纸币要早650多年。

交子印刷，开始用雕刻木版套色印刷，以后又发展为雕刻铜板印刷。铜版较木版耐磨，大量印刷仍很清晰，图文不易变形，图案精美，这是印刷史上的一大进步。

交子后来改称"钱引""钞引"。钱引上印有界分、年限、券面金额以及说明文字和图案花纹，用黑、青、红三种颜色，分六次套印，这是我国多次套印的创始，在世界印刷史上有很高的地位。

交子印版
我国现存最早的北宋纸币印版，被誉为"中国货币文化宝库中的一颗明珠"。

纸币的大量发行，虽然在一定程度上会推动商业的发展，但官府滥发交子弥补财政亏损，引起货币的不断贬值，使得民不聊生，怨声载道。

与南宋并存的金朝，也在其占领地区发行钞票，并且在中都（北京）设置印刷厂大量印刷钞票。金代曾用铜版印刷钞票，陕西省博物馆就珍藏一件金贞祐三年（1215）的拾贯交钞印刷铜版。

（三）矿冶业

1. 矿业及开采技术

五代十国时期，北方连年战争，矿冶业处于停滞状态。宋王朝建立后，天下百姓得以休养生息。据《宋史·食货志》记载，开宝三年（970）朝廷下诏说不与商人或矿冶主争利，允许人民自由采矿。这表明宋朝的政权部分建立在商品经济的基础上，矿冶主们可以在朝廷减免税的保护下从事生产，广大劳动人民也可以从封建徭役制下解脱出来。原来采用劳役制，官营铁冶业也不断受到被劳役人民的反抗，迫使官吏将劳役制改成招募制，从而对冶铁生产的发展起了一定的推动作用。

王安石变法时期，神宗熙宁年间和元丰初年，较多地听任民营铁冶业的发展，采用"二八抽分"税率，这是宋代"民营"铁冶业发展最快的时期，也是宋代整个铁冶业发展最快的时期。

其他矿产如铜、银、金等，从宋太祖建隆元年至太宗至道三年（960—997）的37年中，也准许百姓自由采掘，仁宗赵桢以后始收归官营。北宋的矿业机构有4监、12冶、20务、25场等，凡铸铁的场所都有置"监"，"务"是矿冶税务所或矿产收购站，"场"是采矿场，"冶"是金属冶炼场。下面简略介绍一下各矿业的规模。[①]

（1）铁矿

北宋主要的铁矿产地有磁州、邢州、徐州。元丰三年（1080）磁州、邢州铁矿的总产量，相当于全国总收入量的74%。沈括在《梦溪笔谈》卷三中曾记叙了他奉使察访河北西路、参观磁州锻坊的情况。磁州当时锻造生产"百炼钢"，这在北宋已是一种古老、成熟的炼钢工艺。徐州铁矿早在汉代就已开采，利国监原先用木炭炼铁，以后改用煤炭。

南宋时，邢州、磁州、徐州的大型铁矿产地被划入金朝版图，这使金的冶铁技术得以改进和发展。

① 华觉时. 世界冶金发展史［M］. 北京：科技文献出版社，1985.

（2）铜、锡、铅矿

主要用于铸币的铜、锡、铅三种矿，在宋代集中分布在江西、福建、广东三省境内，其规模、产量远远超过了唐代，北宋时年产量逐年上升。从皇祐中（1049—1054）到元丰元年（1078）的近30年内，铜矿年产量由500多万斤增至1400多万斤，锡年产量由30多万斤增至200多万斤，铅的年产量由9万多斤增至900万斤。元丰年间矿业的兴盛，反映了王安石变法给封建经济注入了活力。

宋时炼铜有火法、水法炼铜。胆水浸铜法应用于生产始于宋初，北宋晚期已在全国范围内推广，并在年产量中所占比例越来越大。宋代主要的锡产地是贺州，而铅矿场多在连州、虢州等地。铅是铸铁必备的金属之一，当时铅的用途除了铸铁外，主要用来制造丹粉。

（3）金、银矿及汞矿

宋代金矿的开采以山东的登州、莱州最为兴盛。宋朱彧《萍州可谈》卷二曾记载，登州、莱州的金坑户用锯剖过留有"刀痕"的"大木"淘金，把金沙放在木面上，用水洗去沙，金则留在锯纹中。这是手工淘金技术的一项改革，大大提高了生产效率。

北宋早期较大的银矿有饶州德兴场、桂阳监及秦州银矿。

宋代水银的主要用途，是封建贵族用来作为墓葬中的防腐剂。宋代的水银主要产于甘肃、陕西两省，朱砂产于广西。

（4）煤矿

煤是宋代手工业和日常生活普遍使用的燃料，宋时称为"石炭"。宋代采煤以山西、陕西、河南、江苏最盛。北宋时采煤已由民间分散经营逐渐转为官营。北宋元丰元年（1078），苏轼曾派人"访获"煤矿，并用来炼铁，而且炼出来的刀剑锋利异常。据考古发现，南宋咸淳六年（1270），我国就已发明焦炭，并用焦炭炼铁。

据对北宋古煤矿遗址的考察，看到煤矿直径 2.5 米，竖井深达 6 米，较长的四条巷道总长达 500 米，已采用先内后外逐步撤退的"跳格式"的采掘方法，矿中还有排除地下积水的排水井等。宋代的采煤业已达到相当的水平。[①]

（5）盐矿及凿井技术——卓筒井

我国古代人民早在战国末年就开始开凿盐井了。从秦到北宋庆历年间（1041—1048）的 1300 余年中，所开的盐井都是大口井，口径大，深度浅。北宋庆历年间，出现了开凿卓筒井。卓筒井就是口径很小而深度很大，像竹筒状的直井。开凿卓筒井的工具是"圜刃"，凿出的井口只有小碗那么大，深却有几十丈。用粗大的竹子做井套，隔绝淡水。

卓筒井

卓筒井的口径仅有竹筒大小，然而能打井深达数十丈，被称为"中国古代第五大发明"，其开创了人类机械钻井的先河，是世界钻井史上的里程碑。

① 河南省文化局文物工作队 . 河南鹤壁市古煤矿遗址调查简报［J］. 考古，1960（3）.

用较小的竹子做桶，出入井中，一筒装水几斗，用机械提升。这种"圜刃"是近代钻井用的各种各样凿刀的先驱，是深井钻凿必不可少的工具。卓筒井一出现，就由于技术先进，适应当时生产的需要，很快在川西、川北等盐区推广。苏轼《东坡志林》卷四详细地记载了钻凿卓筒井的过程。

和宋朝同时期的辽、金、西夏等国的矿业也有了很大的发展。契丹族和后来并入辽国的渤海、室韦诸族，原先就能炼铁。辽立国后设五冶太师管辖矿坑，辽阳有铁冶300户，幽蓟等地的冶铁业仍保持一定的规模。女真建国前已经用烧炭炼铁，又购买邻国甲胄改制兵器，后来占据辽宋的大片土地，其矿冶业又进一步发展。金大定三年（1163）许民开采金银坑冶，税率为二十取一。黑龙江阿城区原为金上京会宁府，有金代冶铁遗址50多处，并发现大量炼炉、矿石、炼渣和铁块。辽金铁器近年多有出土，形制和中原类似，陕西榆林窟西夏冶铁图中的木扇也和中原相似，说明辽、金、西夏的矿冶业是在中原先进技术的推动下发展起来的。这里值得一提的是宋代杜绾所著的关于矿物岩石的著作《云林石谱》。它所记岩石有九大类。这本矿物岩石专著着重于变质岩的研究，对风化和侵蚀作用做了探讨，对某些地质现象形成的原因和化石的阐述、记载都有很大的进步。

2. 冶金技术的发展状况

（1）竖炉炼铁

宋代称炼铁炉为"蒸矿炉"，取"蒸石取铁"之意。河北邯郸矿山村的宋代炼铁炉高约6米，最大腹径2.7米，由砾石和耐火泥修筑。河北林岁、安阳宋代炼铁炉和黑龙江阿城金代炼炉都依山崖修建，于崖上装料，炉前平地进行熔炼操作，以节省运输和人力，炉体用硅质红、白砂石和花岗岩砌筑。河北桐柏宋代炼铁炉也用石砌，而福建同安宋明冶铁遗址的炼炉则用高岭土、黄泥和谷壳修筑。[①]

唐宋时代，修筑炼铁炉已使用了多种筑炉方式和材料。到宋代，炼铁炉的内形已接近近代高炉，有炉腹角和炉身角，成为两端紧束、中间放宽的腰鼓状。这种炉型有利于炉气合理分布，改善炉况，延长炉龄，是竖炉发展的重大改进。考古还发现，宋代炼铁已采用石灰石及白云石作为炼铁溶剂。从宋代起，就有可移动的"行炉"。又如江苏无锡、宜兴等地的"苏炉""鼓炉"，高约 1 米，炉膛为曲线形，它们通常用于化铁，也可以用于炼铁。中国竖炉的特点之一，就是无论炼铜炉或炼铁炉，熔炼或是熔化的不同工作要求，是通过炉料配比和熔炼制度的变化来实现的。

对安徽繁昌竹园湾唐宋冶铁竖炉炉内残存物的考察发现，当时使用粟炭为燃料。用木炭作燃料炼铁在当时已十分普遍，而用煤炼铁早在南北朝就已经有了。宋神宗元丰年间（1078），徐州发现煤矿，苏轼还作《石炭行》记述此事，作有"南山粟林渐可息，北山顽矿何劳锻"的诗句，显然他已能认识到用煤炼铁对解决燃料匮乏、促进冶铁发展的重要作用。河南安阳唐坡出土的九件宋代铁锭，含硫量为 1.075%，显然是北方地区用煤炼铁的产物。

（2）炒铁与炼钢

炒铁是从生铁得到熟铁的主要方法。宋苏颂的《本草图经》中曾说："初炼去矿，用以铸泻器物者为生铁。再三销拍，可以作鍱者为镅铁。亦谓之熟铁。"炒铁设备有地炉、反射炉及生熟炼铁炉。炒铁实质上是个脱碳的过程。

灌钢在各种制钢技术中最为重要，自南北朝已被广泛采用。沈括在

① 华觉民．世界冶金发展史［M］．北京：科技文献出版社，1985．

《梦溪笔谈》中曾经指出，民间锻炼钢铁是将熟铁片盘绕起来，把生铁块嵌在中间，用泥把它封起来冶炼，然后再加以锻打，使生熟铁互相渗入。这样得到的钢称为"灌钢"或"团钢"。这是我国古代劳动人民创造的一种独特的低温炼钢法。在熔炼过程中，生铁首先熔化并灌入熟铁中而成钢，然后再经锻打。灌钢多用作刀剑锋刃，是一种含碳量较高的优质钢。

宋周去非《岭外代答·器用门》卷六"梧州生铁"条说："梧州生铁，在熔炼时如流水然。以之铸器，则薄几类纸，无穿破。凡器既轻且耐久。都郡铁工锻铜，得梧铁杂淋之，则为至刚，信天下之美材也。"文中"铁工锻铜"应为"锻铁"之误，应指灌钢而言。这是灌钢的另一种操作工艺。

百炼钢的工艺过程，在沈括《梦溪笔谈》中记述较为详细。沈括奉使察访，在磁州锻铁作坊参观，他说到把"精铁"锻打一百多火，每锻一次称一次，待斤两不减，就成纯钢了。他指出，凡铁中有钢，就像面中有面筋，待灌尽柔面，面筋就出来了。这实际上就是将熟铁（精铁）放在木炭炉中加热，碳逐渐渗入铁的表层，取出锻打时，一方面使渗碳层混到铁的内部，另一方面把熟铁中夹杂的熔渣（即柔面）锤打出去。锻炼百余次后，除尽熟铁中的熔渣，含碳量达到适宜的程度，就得到了纯钢。百炼钢工艺的主要特点就是反复加热锻打。锻打可以去除夹杂，减少残留夹杂的尺寸，细化晶粒，均匀成分，致密组织，提高强度。百炼钢技术在宋代已发展到了相当成熟的水平。宋时曾敏行《独醒杂志》曾记载，湖南苗族的黄钢刀说："其俗，举子，姻族来劳视者，各持铁投其家水中。逮子长，授室，大具牛酒，会其所尝往来者，出铁百炼，尽其铁以取精钢，具一刀，不使有铢两之羡。如其初偶得铁多者，刀成，铦利绝世，一挥能断牛腰。"这里记叙了一种独特的制钢术。长期浸在水中的铁，其中含碳低、含渣多的锈蚀很厉害，这就相对地提高了铁料的含碳量，经反复锻炼，成为含碳量较高的钢，可用来做刀剑。从现代的角度说，利用的是去除铁份而提高钢中碳量的方法。

制钢技术的进步带来了农具和刀剑制造技术的变革，农具由以铸造为主转为以锻造为主。古代文献中关于锻剑、锻甲的记载，充分体现出我国古代锻造技术的卓越成就。

（3）胆水炼铜

《宋会要辑稿·食货》曾记载南宋嘉定年间（1208—1224）的炼铜生产。将淘洗得到的精矿须"排烧窑冶二十余日"，才能炼成纯铜。这是常规火法炼铜。

中国古代还有一种独特的制铜技术，称为"胆水炼铜"，又称"胆铜法"，为我国首创，是水法冶金的起源。它是将铁放在胆矾（硫酸铜）溶液（俗称"胆水"）里，使胆矾中的铜离子被金属铁所置换而成为单质铜沉积下来的一种产铜方法。这种方法设备简单，技术操作容易，成本低，只要将铁薄片和碎片放入胆水槽中，浸渍几天，就可得到金属铜的粉末。胆铜法可在常温下提取铜，不需要火法炼铜那样的高温，既节省燃料，又不需要很多设备，贫矿、富矿都能用。宋时胆铜法不仅用于生产，而且是大量产铜的主要方法之一。

由于社会经济的发展，宋代用于铸币的铜料不足。由于水法炼铜有上述优点，因而对其极为重视。北宋时期胆铜产量约占铜总产量的15%~20%；南宋铜的来源主要依靠江南，胆铜所占比重达85%。

胆铜生产的过程中，一是浸铜，二是收取沉积的铜。生产胆铜的铅山场，就是在胆水产地就近随地形高低，挖掘沟槽，用茅席铺底，把生铁击碎，排砌在沟槽里，把胆水引入沟槽浸泡，分节用木板闸断，看上去呈阶梯状。待浸泡后颜色改变，将浸泡过的水放走，取出茅席，就可以收到铜末。再引入胆水又可以周而复始地生产了。另一种方法是在胆水产地设胆水槽，把铁锻打成薄铁片，排置在槽中，用胆水浸铁几日，铁片表面即有一层"赤煤"（铜末）覆盖。把薄片取出刮取其上的"赤煤"即可。这样得到的铜几乎皆为单质，熔炼容易。沈括在《梦溪笔谈》中还曾记载"烹胆矾则成铜，熬胆矾铁釜，久之亦化为铜"，但这样成本高，工多而利少，并不常用。

宋哲宗时，张潜撰有浸铜工艺专著《浸铜要略》，可惜已失传。但从后来危素所作的《浸铜要略序》（见《危太仆文集》）对绕州兴利场浸铜时间的描述中，可以看到水法炼铜在宋代已发展成一套比较完善的工艺。

（4）铸造技术

在我国古代的金属加工工艺中，铸造占有十分突出的位置。其中泥范铸造、铁范铸造和熔模铸造最为重要，称为"古代三大铸造技术"。

泥范铸造起源于夏代，到宋已发展得十分成熟，并能浇铸大型和特大型的铸件。现存于当阳玉泉寺的当阳铁塔，是宋嘉祐六年（1061）铸的。它八棱13层，总高7丈，用铁76600斤。塔体为分段铸造，由44件铸范成形。现代化学分析表明，铸件为马口铁，含碳3.66%，硅0.05%，锰0.05%，硫0.022%，磷0.29%。就是在现代浇铸三四十吨的大铸件，也不是轻而易举的事，可见当时的泥范铸造大型件技术已达到相当高的水平。

铁范铸造在战国时就有了。唐、宋以后，由于炒铁的发明与推广，小件农具已经由铸件改为锻制，但犁镜一直到近代仍是用铁范铸造的。

传统的熔模铸造称"失蜡法"或"拨蜡法"。宋代赵希鹄的《洞天清禄集》中具体地记述了这一工艺：用蜡刻画成模，放在桶状容器里，经用澄泥浆多次浇淋后，撤去桶板，加敷含有盐和纸筋的细泥和背泥，做成铸型，然后出蜡、浇注。这种方法用于小型铸件，与后来明、清时期失蜡铸印工艺比较接近。失蜡法在我国历史悠久，可惜的是它只用来铸造一般方法得不到的艺术品或神像，未能向现代精密铸造工艺转化。

（四）纺织业

1. 纺织业发展概况

宋王朝建立政权后，采取了一些恢复和发展农业生产的有力措施，取得了相当的成效，使农业繁荣发展起来。农业的发展带动了手工业特别是纺织业的高度发展。

宋朝建立后，一方面朝廷每年要消费大量的锦帛以供其奢侈的生活，还要赐给大臣官员各色绫罗绸缎以示圣恩；另一方面还要向辽、西夏、金等国交纳大量的锦帛作为贡品。同时，纺织品已经成为宋对外贸易的主要物资。所以，宋王朝对桑蚕、纺织极为重视，屡次下诏书奖励蚕织，各地方官吏也奉行相应的赏罚措施，推广先进的种桑方法。北方南迁的工匠参与南方的蚕桑丝织生产，不仅补充了劳力，而且相互交流技术，推动蚕织业技术的进步。

两宋时纺织业相当发达，有官营和私营之分。官营作坊废除了劳役制，改为招募制，在一定程度上提高了工匠的生产积极性。朝廷在开封、洛阳、润州（今江苏镇江）、梓州等地设有规模巨大的绫锦院织局、锦院等纺织工场，同时还在成都设有转运司、茶马司锦院，织造西北和西南少数民族喜爱的各式花锦，作为兄弟民族间贸易交流的物资。仅南宋杭州、苏州、成都三大织锦院，雇佣工匠就达数千人，规模极大。

宋代的私营纺织业比唐代有了新的发展，机织手工业逐渐脱离农户而独立，生产规模扩大了，生产过程逐渐专门化，对技术的改进、质量的提高、数量的增加都具有积极意义。

宋代对外贸易非常发达，输出品以丝绸织物和瓷器为主。到了南宋，对外贸易已成为国家收入的重要来源。当时与阿拉伯人交易的输出品，除金、银货币以外，丝绢、瓷器占有重要地位。到了宋宁宗嘉定年间，甚至规定凡买外货，都以绢、锦、绮、瓷器为代价，不用金银铜钱。

宋代时，中国的丝绸在世界上极负盛名，曾远涉重洋，到达埃及、东部非洲等地区。

2. 宋代纺织工艺

（1）丝织

北宋时由于北方战事不断，养蚕、缫丝生产很多都停废了，而江南地区未经战争破坏，丝织生产广泛地发展起来。宋室南渡后，北方大批统治者、官商巨室以及农民、手工业者纷纷南迁，这使得市场上丝织品的销路大增，大大刺激了南方的丝织生产。

在宋代，苏州织造的宋锦（或织锦）、南京织造的云锦、四川织造的蜀锦都是全国闻名的织物，婺州出产的各种罗，其精美工细名闻各地。

宋代织锦工艺发展很快。北宋时仅彩锦就有四十多种，到南宋发展到百余种，并且生产了在缎

宋锦
宋锦主要产于苏州，所以又称为"苏州宋锦"。苏州宋锦、蜀锦和明代南京的云锦，并称为"中国三大名锦"。

纹底上再织花纹图案的织锦缎。一般的缎纹织物本身已富有光泽，再配上各色丝线织成的花纹图案，就更加光彩夺目了。

这时的罗纹丝织物也达到了很高的水平。由于唐、宋时提花织罗机在结构上有了进一步的改革，所以在罗纹丝绸上可以织制出更加复杂的花纹。当时著名的高贵品种有孔雀罗、瓜子罗、菊花罗、春满园罗等。福建省博物馆在福州浮仓山南宋一个市舶司的女儿的墓中，出土了两百多种不同品种的罗纹织物，其罗纹结构有单经、三经、四经纹的素罗，有平纹和斜纹起花的花罗，还有粗细纬相间隔的"落花流水"提花罗等。

宋代文化事业发达，绘画的发展带动了绘画用品和材料的发展。绘画用的画绢，如重厚细密的"院绢"，纤细的"独梭绢"，都为画家所喜爱。宋代丝织物，除了运用动物纹，还有大量的植物纹，发展了写生花，又发展了遍地锦纹，成为色彩更加绚丽复杂的工艺品。又如蜀锦工人创造的"落花流水纹"（又称"曲水纹"），以单朵或折枝形式的梅花或桃花与水波浪花纹组合而成，富有浓厚的装饰趣味，成为当时极为流行的锦缎装饰纹样。

当时社会上还流行锦中加金以及衣服以金为饰。宋、金时期，新疆的回鹘人擅长织金工艺，并向中原介绍了这种织造技术。此外，据吴自牧《梦粱录》记载，南宋还有绒背锦、起花鹿锦、闪褐锦、间道锦、织金锦等名品。宋代锦织物花色品种增多，一方面由于装饰题材的扩大，另一方面是应用范围更为广泛。如成都茶马司为了与少数民族交换军马，因此其所织造的彩锦必须织适合于少数民族喜爱的花式品种。

（2）缂丝与刺绣

缂丝是我国丝织工艺中最受人珍爱的品种，宋代是缂丝的盛期。因织物的花纹近看犹如纬线刻镂而成，又被称为"刻丝"或"克丝"。以定州（河北定州）生产的最为有名。定州缂丝技巧与图案保持了唐、五代以来的优秀传统，丝纹粗细杂用，纹样结构既对称又富于变化。主要织造和锦类似的服装用品装饰，著名的作品有"紫天鹿"（北京故宫博物院藏）、紫莺鹊（辽宁省博物馆藏）等。到了南宋，一部分缂丝脱离彩锦的装饰性质，从实用转向装饰化，向单纯欣赏性的独立艺术发展。这时缂丝开始以名人书画为粉本，尽量追求画家原作的笔意，采用细经粗纬起花法，表现出山水、楼阁、花卉、禽兽、翎毛、人物，以及正、草、隶、篆等书法。南宋高宗时的朱克柔和沈子蕃都是缂丝高手。

朱克柔从小学习缂丝，积累了丰富的配色和运线经验。她的缂丝表面紧密丰满，丝缕匀称显耀，画面配色变化多端，层次分

明协调，立体效果特佳。她所做的"茶花图""莲塘乳鸭图"堪称传世珍品，她的"牡丹"，现收藏于辽宁省博物馆，约25厘米左右方幅，蓝地五色织成。用色除白色外，计有蓝色2种，黄色4种，绿色4种，朱色1种。经线用捻度稍强的绢丝，一寸间约120支，纬线用松线，一寸间约360支。牡丹花瓣部分的晕色也全部织出，这是缂丝织法中最困难的一种，一寸间经纬线竟达480支而丝毫不加补笔。工细高雅，堪称绝世珍品。

宋代的刺绣工艺很发达。像缂丝一样，它受绘画影响极大，除作一般服饰品以外，多以名人书画为粉本，逐渐向欣赏品方向发展。当时的许多刺绣艺人能将滕昌祐、黄鉴、徽宗等人的绘画，以及苏、黄、朱诸

家书法在绢绸上用针绣反映出来，不仅惟妙惟肖，甚至有的胜过原作，深受文人雅士的推崇与赞赏。

重要的传统绣品，有"瑶台跨鹤图""海棠双鸟图""梅竹鹦鹉"等。如"瑶台跨鹤图"，大部分用直针戗针平绣，竹林用施针，尾顶先用平绣，再在浮起处用扎针压平，砖瓦、斗拱则以稍粗的线逐节绣成，其上再作夹线。楼台部分使用了大量漆地金箔线。在有些地方还用胡粉和颜料作补笔。全幅针法协调细密，配色精妙，从中可以看出宋代刺绣的高超技艺。可以看到，后来明、清刺绣中的各种针法，宋代差不多都已有了，为元、明、清的刺绣打下了基础。如表现单线，在唐代切针和接针的基础上，出现了滚针和旋针；表现面的，在原有的直针戗绣针和针的基础上，又出现了反戗。表现光的套针发展得更加细致复杂。其他如平金、钉线、网绣、补绒、铺针、戳纱、打子、扎针、锁边、刻鳞等多种表现不同对象的特种针法，都在宋绣中出现，而且已运用得非常纯熟。这些都为近代的顾绣、湘绣开辟了前路。

（3）麻织、毛纺织与棉织

宋代麻织遍及我国南方各地，生产相当发达。麻织品的产地主要集中在广西。

江南苎麻布生产不仅数量大，而且还出现了各种特种麻布。《嘉泰会稽志》曾记载，浙江诸暨的山后布，就是驰名南方的皱布，所用麻纱在纺绩过程中加过强拈，然后织成"精巧纤密"的布，质量仅次于真丝织成的丝罗。用它做衣服以前"漱之以水"，由于加过强拈的麻布吸水收缩，麻布立刻变成有"谷纹"的皱布。

宋周去非的《岭外代答》曾记载，南宋静江府（今广西桂林）所织苎麻布经久耐用，是因为苎麻纱先用带有碱性的稻草灰的水汁煮过，在织制前再用调成浆状的滑面粉上浆，织成就"行梭滑面布以紧"。这实际上反映了现代的上浆整理加工工序。

南宋《格物粗谈》中有"葛布老久色黑"，将葛布浸湿，放入烘笼中，用硫黄熏就变成白色的记载，说明宋代已有硫黄熏葛布的漂白技术。

宋代用山羊绒纺织绒褐。据记载所用山羊是唐末由西域传来的。用山羊毛绒捻成线织成绒褐，"织万胜花一匹，重只十四两"（庄绰《鸡肋编》卷上）。用绒毛能织成如此轻、薄的纺织品，可见毛纺织工艺十分精巧。

宋室南渡后，汉族与南方少数民族接触日益频繁，我国东南、闽、广各地从少数民族那里学会种棉、纺纱、织布等手工操作技术，棉花种植及棉纺织技术已扩大到闽粤江南地区。

我国海南岛天气炎热，土壤肥沃，并略带碱性。尤其是崖州一带，最适棉花生长，是我国棉花的原产地之一。《岭外代答》曾记录，崖州的妇女采摘新棉后，用细长铁轴碾出棉籽，接着"以手握棉就纺"，棉纱纺成后，又染色织布。范成大《桂海虞衡志》、方勺《泊宅篇》等书也记述了崖州棉布转销内地，极受欢迎。

当初棉纺织技术传入中原时，制棉工具及方法极为简陋。周去非、赵汝适等只提到碾去棉籽用的铁杖，而后来方勺在《泊宅篇》中提到弹花的小竹弓，由此可见，制棉工具和方法又进了一步。南宋末年，江南一带才开始种植棉花，这时南方的制棉技术已发展到用铁杖碾去棉籽，取"如絮者"，用长四五寸左右的小竹弓，"索弦以弹棉"，使棉匀细，"卷成小筒"，用车纺之。自然抽绪如缲丝状，就用来纺织成布（《资治通鉴》卷一九五，胡三省注"木棉"）。浙江兰溪南宋墓曾出土纯用棉花织成的一条棉毯[①]，长 2.51 米，宽 1.16 米，经纬条干一致，两面拉毛均匀，细密厚暖，说明当时江南地区的棉纺织业已达到很高的工艺水平。

① 汪济英．兰溪南宋出土的棉毯及其他［J］．文物，1975（6）．

由于棉花种植、纺织工艺传入江南不久，当时轧花、弹花、纺纱、织布等工序还没有像丝织业那样分离成专门工作，只能作为家庭纺织来经营，生产效率低。这使得两宋时棉花在内地居民所用纺织材料中仍不占主要地位。

（4）印染

在宋代，我国的印染技术已比较全面，色谱也较齐全。染缬加工，在宋代极为盛行，技术上也有发展。如印花在宋时已经专门化。王安石在宋神宗熙宁年间实行变法改革，着手整顿军容，将士服装恢复唐代制度，采用夹缬印花印染军服。宋徽宗赵佶时曾下令禁止民间制造夹缬镂空印花版，商人也不许贩卖；但屡禁不止，只得废除，夹缬印花又很快流行起来。

宋以后镂空印花版开始改用桐油竹纸代替以前的木板，所以印花纹更加精细。为了防止染液的渗化，造成花纹模糊，就在染液里加入胶粉调成浆状以后再印花。这些创造，都有利于夹缬印花技术的推广和提高。

在宋代，由于南方航海业的兴盛，这一印花技术传到欧洲各国。当时的德国和意大利，因对媒染剂和染料技术未能完全掌握，还用油料加颜料调成涂料印花。我国的印花技术一经传去，很快就取代了原来的工艺方法。

南宋时，广西瑶族还生产一种精巧的蜡染布，西南少数民族地区将这种蜡染布称为"瑶斑布"。《岭外代答》曾记载：制作时用镂有细花的木板两片，夹住布帛，再将溶化的蜡灌入镂空的地方，蜡在常温下很快固化，这时"释板取布"投入蓝靛染液，待布染成蓝色后，"则煮布以去其蜡"，就得到"极细斑花，炳然可观"的瑶斑布。这说明当时蜡防染技术已有了很大的发展，具备成批复制印花布的条件。这一期间，西南少数民族运用这一技术还制作了许多驰名全国的产品，如"点蜡幔"等。

宋代还有一种适用于生丝织物的碱剂防染法。它主要是用草木灰或石灰碱等碱性较强的物质，使花纹部分的生丝丝胶膨化润胀，然后洗掉碱质和部分丝胶后再进行染色。由于织物上有花纹地方的丝线脱胶后变得松散，染上去的颜色就显得深一些，因而整个布面的颜色就显出深浅不同的花纹。这种防染技术经过不断发展，改用石灰和豆粉调制成浆，这种浆呈胶体状，更有利于涂绘和防染，也容易洗去。这为天然蜡产量少的地区推广运用防染技术提供了有利条件。宋代把这种印花法称作"药斑布"，它产生的效果与蜡染几乎完全相同。这种产品主要用作被单和蚊帐，即是后来民间广泛流行的蓝印花布。

3. 纺织机械的发明与应用

（1）水转大纺车

宋代随着农业上广泛使用水排、水碾、水碓之后，在纺织生产上发明了水转大纺车。元初在江苏作官的王祯看到这种"水转大纺车"，赞

○ 手摇纺车
手摇纺车是采用以生产线或纱的设备。纺车通常有一个用手或脚驱动的轮子和一个纱锭。

不绝口，并在他的《农书》一书中详尽地介绍了大纺车及水转大纺车的结构，描述了它们的图样。由此可以证明它应是宋代的产物。

水转大纺车是一种麻纺合线机，是用当时的大纺车改装而成的。宋代手工业发展很迅速，原来用手摇纺车和脚踏三锭纺车加工麻缕，已不能满足市场需要，于是在三锭脚踏纺车的基础上产生了有 32 个锭子的纺麻大纺车。这种大纺车，32 个锭子基本上还是按照脚踏纺车的原理，采用绳弦集体传动的方式来带动锭子旋转，但在原有基础上做了改进。一般的手摇或脚踏纺车，在锭子旋转时，手持一段麻纱绕在锭子上使其加捻和合并。但在大纺车上却颠倒过来，它将待加捻的麻缕先绕在锭子上，在纺纱时锭子一边旋转，一边给从锭子上抽出的麻缕加捻，同时这些加捻的麻缕穿过一个铁叉（即今导纱钩）绕到一个木框上。这样，加捻和卷绕就可以同时进行了。

由于加捻和卷绕可以同时进行，增加了有效纺纱时间，提高了生产效率。再加上大纺车有三十多个锭子，锭多效率高，这是我国纺织机械史上的重大发明之一。但是大纺车锭子多，传动起来比较费力，要专人用双手摇动转轮做动力。有的地方用畜力来代替人力。我国是个水力资源丰富的国家，当农具已发展到利用水力做动力时，水转大纺车也就相应地产生了。

水转大纺车不仅为当时纺织生产提供了有利的工具，也为现代的机器纺纱开创了新的道路。大纺车采用竖立式的锭子，有利于多锭传动和操作，其他机构也能充分利用空间，这与现代纺纱机的构造是一致的。这在世界纺织史上都占有很重要的地位。直到 1769 年，英国人理查·阿克莱才制作出水车纺车和建立起欧洲第一座人力纺纱工厂，比宋代水转大纺车晚了 4 个多世纪。

我国虽然早在宋代就发明了水转大纺车，应用也很普遍，但并没有得到更进一步的发展。但在元、明以后，棉布逐渐在全国普及，麻布在贫民中的消费被棉布所替代。麻布生产力下降，水转大纺车难以发挥其作用。同时也由于封建社会末期落后的政治经济制度等因素的制约，限制了水转大纺车的进一步发展。

（2）提花机与织机

丝织提花机经唐、宋几代的改进、提高，逐渐完善、定型。在宋代楼璹的《耕织图》上，绘有一部大型的提花机。这部提花机有双经轴和十片综，上有挽花工，下有织花工，它们相互呼应，正在织造复杂的花纹。就目前掌握的史料，《耕织图》上的提花机是世界上最早的、结构完整的提花机，在当时堪称世界第一。

生活在宋末元初山西万全县的木匠薛景石，在他所著的《梓人遗制》一书中叙述了华机子（提花机）、立机子（立织机）、布卧机子（织造一般丝、麻原料的木织机）以及罗机子（专织纱罗织物的木机）等几类木织机的形制和具体尺寸。薛景石出身木工，在长期的织机修造中积累了丰富的经验，总结了各家之长，著成《梓人遗制》。该书是我国古代纺织史上唯一的木工自己写的著作。书中对这四种木机的说明，既有文字，又有零件图和装配图。每种零件不仅详细地说明了尺寸大小和安装部位，而且简明讲述了各种机件的制作方法。该书是织机发展史的珍贵资料。

《梓人遗制》一书，为当时山西制造新织机、发展纺织事业起到了一定的推动作用。山西的潞安州地区，由于推广了薛景石制造的织布机，原来已经非常发达的纺织业又得到了进一步的发展。

（五）火药的发明与兵器工业

1. 火药的发明与应用

火药是由我国炼丹家发明的。他们在炼制长生不老灵药时，不但注重水银，而且很重视硫黄，因为它可以和水银化合生成硫化汞，还可以和其他金属化合，认为它是能够制服金属的奇异物质。硫黄性质活跃，容易着火。为了控制硫黄，炼丹家把硫黄和其他物质一起加热成化合物，来改变它容易着火的性质，这种方法称为"伏火法"。在进行硫黄"伏火"的种种实验中，炼丹家发现，当硫黄、木炭和硝石一起加热的时候，极容易发火或者爆炸。古时候，炼丹家往往又是医药家，硝石和硫黄在我国医书中是可以治病的药物，所以把它们和木炭的混合物称作"火药"，意思就是会着火的药物。

公元 7 世纪，唐朝的孙思邈就已经掌握了火药的初步配方，但在当时没有什么实用价值，一般人不知道，更没有广泛的应用和大量生产。

火药一旦应用到军事上，立刻显示出其巨大的威力。宋代将火药运用在武器上，是武器史上的一大进步。火药武器显示出前所未有的本领，很快受到人们的重视。火药武器的出现反过来推动火药的研究和大规模的生产。

草乌头 〇
草乌头喜温暖湿润气候，适应性很强，在中国大部分地区都有分布，常生于山地草坡或灌丛中。草乌头有毒，常炮制后作药用。

桐油 〇
桐油是将采摘的桐树果实经机械压榨，加工提炼制成的工业用植物油。其具有良好的防水性，广泛用于建筑、农用机械、电子工业等方面。

北宋曾公亮主编的《武经总要》（1044），不仅描绘了许多火药武器，还记下了当时的三种火药：制毒药烟球，用焰硝 30 两，硫黄 15 两，木炭 5 两，外加巴豆、砒霜、狼毒、草乌头、黄蜡、竹茹、麻茹、小油、桐油、沥青等；制蒺藜火球，用焰硝 40 两，硫黄 20 两，木炭 5 两，外加竹茹、麻茹、小油、桐油、沥青、黄蜡、干漆等；制火炮，用焰硝 40 两，硫黄 14 两，木炭 14 两，外加竹茹、清油、桐油、黄蜡、干漆、砒黄、黄丹、淀粉、浓油等。由火药的三种配方可以看到，其主要成分为硝、硫、炭。而硝的比重已大大增加，它比硫和炭的总和还多，这已经接近后来黑火药中硝占 75% 的配方。其他配料含量都很少，分别起燃烧、爆炸、放毒和制造烟幕等作用。这时火药的配方已经很复杂了。

上面说的火炮就是大的火药包。蒺藜火球也是火药包，里面除了装火药外，还装有带刺的铁蒺藜，火药包一炸，铁蒺藜就飞散出来，阻塞道路，防止骑兵前进。毒药烟球有点像雏形的毒气弹，里面装有砒霜、巴豆之类的毒物，在燃烧后成烟四散，能使敌方中毒而削弱战斗力。

这一阶段火药武器主要利用火药的燃烧性能。随着硝的提炼，硫黄的加工，火药质量的提高，促进了火药武器的发展，逐步过渡到利用火药的爆炸性能。到了北宋末年，人们已经创造出爆炸力较强的"霹雳炮""震天雷"等武器。

早在唐代，我国的硝就随同医药、炼丹术，通过海上贸易传出，被阿拉伯人称为"中国雪"。1225—1248 年间，火药由商人经印度传入阿拉伯国家。欧洲人是在 13 世纪后期通过阿拉伯书籍了解火药的，然后通过战争进一步西传。火药是中国人民对世界文明进步的重大贡献。

2. 火药武器

我国兵器的发展，从北宋开始进入了一个新的历史时期，其主要标志，就是火药应用于军事以及火器的创制和发展。宋代开始创制和使用火器。燃烧性火器和爆炸性火器有很大的发展，并已出现了原始的管形火器。宋代火器的发展也是与宋代当时的社会背景密不可分的。公元960年，赵匡胤建立宋王朝，基本上统一了全中国，结束了唐中叶以来长期的封建割据局面。一方面由于国内有一个较为安定的环境，社会生产力有了一定的发展；另一方面由于外受辽、金、西夏的攻打，边患不断，使宋朝统治者不得不大力加强武器装备的研究和制备。宋代的社会经济，不仅农业和手工业相当发达，作为手工业和造兵工业基础的采矿和冶炼业，也都有了很大的发展。

宋代军事工业的组织，规模相当庞大，中央直辖的有京师（今开封）的南北作坊和弓弩院，地方各洲也设置有军器作坊。军器作坊内部，又有较为精细的分工。据王得臣《麈史》记载：军器监中除八作司外，又有广备攻城作，包括有火药作、青窖作、猛火油（石油）作、金作、火作（火箭、火炮、火蒺藜等）、大小木作、大小炉作、皮作、末作、窑子作等。宋神宗赵顼时设置军器监，总管京师诸州军器的制作。为了改善军器质量，军器监集合了各地优良工匠，促进经验交流和提高技术，并对军器的创造发明，采取奖励和推广的办法。这些措施，对军器的改革起到了积极作用，提高了质量和产量。景德四年（1007）检查历年储备的器械，已够 30 年之用，可见宋兵器制造业发展的概况。靖康元年（1126），汴京被金人攻陷，宋朝的军事工业和历年储备的军械，全被金人掳去。为了战争需要，宋室南渡后，很快恢复并扩大了兵器生产的规模。统治北方的金王朝，利用宋人的成果，效法宋朝的制度，也设立军器监，下辖军器库、甲坊署和利器监等机构，专门修治军器。

宋代的火器尚处于起步发展阶段。北宋时仅有燃烧性火器，南宋时开始出现以竹、木为体的射击性管形火器。

燃烧性火器杀伤力很微小，一般是利用弓弩、抛石机抛射或人力投掷，后来发展到绑附在长枪上喷射。北宋时的燃烧性火器，已经有了爆炸性火器的萌芽，如霹雳火球，是用火药、瓷片和竹子裹制而成的，燃烧时发出霹雳响声。靖康元年金人围攻汴京，据说守城时就对金兵使用过霹雳炮。宋高宗绍兴三十一年（1161）的采石之战中，虞允文用霹雳炮大败金兵。

与此同时，统治北方的金人也在极力发展火器。金人于1125年与宋的战争中得到宋人的火器，到第二次围攻汴京时，就开始使用了。北宋之后，当时制造火药、火器的中心汴京和产硝的泽州（今山西晋城）、大名等地，均为金人所占据，为金人生产和发展火器提供了有利的条件。大约在13世纪初，金人发明了用铁制外壳内装火药的爆炸性火器。铁壳的强度比纸、布、皮大得多，点燃火药后，蓄积在炮里的气体压力就大，爆炸威力就强。宋宁宗嘉定十四年（1221），金兵攻蕲州（今湖北蕲春），曾用抛石机发射这种火器，使守兵和防御物遭到杀伤和破坏。这种火器，金人称为"震天雷"，宋人叫"铁火炮"。蕲州战役后，南宋也曾大量仿制。《金史》曾描述震天雷的威力："炮起火发，其声如雷，闻百里外，热力达半亩之上。人与牛皮皆碎迸无迹，甲铁皆透。"这标志着对火药的应用日益成熟。

我国最早的管形火器出现在南宋初期。宋高宗绍兴二年（1132），陈规发明了一种火枪。它是用巨竹做枪筒，内装火药，

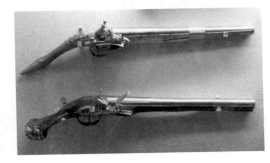

火枪

火铳是最早期的火枪，中国宋代发明的，因为气密性和枪管长度等问题，杀伤力不大。原始的火枪真正能起到的只有心理威慑作用，但对后期火枪的演进提供了借鉴意义。

临阵点放，喷出火焰来烧人的一种管形武器，这可能是管形武器的鼻祖。宋理宗开庆元年（1259），寿春府（今安徽寿县）有人创造出"突火枪"。突火枪也是用巨竹做枪筒，内装火药和"子窠"，燃烧时先喷出火焰，产生很强的气压，火焰尽后把"子窠"射出，响声如雷，远闻150步。《宋史》中虽没有具体说明"子窠"的质料和形状，但可以推想它是后来子弹的先驱。这种枪虽然很原始，但它是真正的射击性管形火器，具有射击性管形火器的三个基本要素——身管、火药和子弹。

宋元之际，曾经出现一种利用火药燃烧喷射气体产生的反作用力把箭头射向敌方的火药箭，这和现代火箭的发射原理是一致的。由于各种原因，当时没有能够大力发展。

3. 宋辽金夏时期兵器特点

两宋时期，由于火药及火药武器的创制与发展，从此结束了冷兵器独领风骚的时代，进入冷兵器与火器并用的时代。宋代的火器虽已有很大的发展，并在战争中起了一定作用，但作战仍以冷兵器为主，火器基本还要依附冷兵器来发射。所以，两宋时的冷兵器，尤其是抛射兵器有所发展。

宋代冷兵器多系承唐、五代遗制，并吸收少数民族的器形，种类式样比较复杂。与前不同的就是有些长枪的枪头附近缚有内装火药的纸筒，战斗时先烧后刺，增加了长枪的战斗效能。如南宋的火枪、梨花枪和金人的飞

诸葛连弩
此弩是由三国时期蜀国的诸葛亮制作的，故命名为"诸葛连弩"。它一次能发射十支箭，火力很强，主要用来防守城池和营塞。

火枪等都是。

宋代特别重视弩和抛石机。弩，有人力踏张的轻弩和绳轴绞张的床弩。北宋时重视床弩，其威力大，射程远，但重量大，运转、使用不灵便。南宋时重视轻弩，如神臂弓、克敌弓等。抛石机在宋代也有较大的发展，因为燃烧性武器和爆炸性武器出现后，弓弩只能发射火箭，而体积、重量较大的火器，如火球、火炮等需用抛石机发射。宋人把抛石机看成军中利器，攻城野战都要用。《武经总要》中列举不同形制的抛石机十多种，其中最大的可抛射 100 斤重的石弹或火器，射程达 50 步以外。

其他冷兵器如弓箭、盾牌、盔甲、攻守器械等，宋代也很重视，但都没有突破性的发展。统治北方的金王朝以骑兵为主，特别重视盔甲和弓矢，宗弼（兀术）的侍卫亲军皆身穿铁甲，号称"铁浮图"，这可能是我国历史上最早的重甲骑兵。

四/

建筑技术

（一）宋辽金夏时期建筑技术发展概况

宋代的手工业和商业有了突出的发展，科学上出现不少伟大的发明。古代木结构体系的基本做法，在唐代已经完成流传发展过程。到了宋代，产生了两种新的趋向：在形式上，讲求轻巧和变化；在技术上，为着简便设计和施工的需要，朝着标准定型的方向发展。

公元 11 世纪李诚编著《营造法式》，记载了北宋及北宋以前木结构建筑的规范，以它与实物互相对照、互为补充，使我们对于北宋以前的建筑技术的发展有了比较全面的认识。

在宋代出现了许多屋顶山面向前的殿堂和楼阁，产生了丁字脊、十字脊屋顶以及工字型、亚字型平面的殿宇。而斗拱比唐代缩小，现存的宋代木构建筑，如大同善化寺普贤阁、太原晋祠圣母殿、正定龙兴寺摩尼殿、晋城青莲寺大殿等，都反映了宋代建筑技术的这种新发展和特点。这时，已经开始出现减柱的做法，如晋祠圣母殿减中间老檐柱四根，劲城青莲寺大殿减中间前金柱四根，反映了结构布置的灵活性，从而改善和扩大了室内空间。

木构技术发展到宋代，其卓越成就和另一趋向，就是产生了整个建筑所有构件的统一比例单位，即斗拱的"材""契"（拱的用料尺寸，即标准材），从而在建筑上达到了设计的标准和定型。这种"材分"制度体现在北宋的《营造法式》中，它的产生对于封建统治阶级来说，是为了控制宫廷和官府建筑的等级，以"关防工料"为目的，在建筑技术史上是一个发展的里程碑。《营造法式》总结的"材分"制，具有"模数"的意义，即"凡构屋之制，皆以材为祖。材有八等，度屋之大小，因而用之"，"各以其材之广，分为十五分，以十分为其厚。凡屋宇之高深，各物之短长，曲直举折之势，规矩绳墨之宜，皆以所用材之分以为制度焉"。

《营造法式》的产生，反映了北宋时大兴土木对于做法规范及工料定额的需要，同时也说明了当时建筑技术的成熟水平。古代的一座带斗拱的木构建筑，有几十种构体，大小数千个零件，要一件件预先做好然后加以安装，是一个极复杂的过程。在设计方面规定标准对于提高施工效率有极大的意义。现存辽代木构建筑实物中，用材多采用 3∶2 的断面，曾为数十种构件，但其标准断面也统一为少数几种。

辽、金建筑，基本上继承了唐、宋的传统技术，而辽更主要是继承了唐的技术。辽、金是我国古代建筑史上很有创造的时期。现存最早最高大的木建筑恰恰是辽代建筑，一为应县木塔，另外几座大殿如大同上华严寺海会殿、善化寺大殿、义县奉国寺大殿等。特别是公元 11 世纪的应县佛宫寺五层木塔，高达 66 米，充分显示了古代工匠运用木材及其结构技术建造高层建筑所达到的成就。塔身利用里外两圈梁柱互相拉接及柱间斜柱起支撑作用，形成了空间结构的整体刚性，上层柱立于下层柱大斗上，采用了"叉柱"的做法，抗住了大风的袭击，经受住了地震的摇动，风雨苍沧经历 900 年，仍然屹立。

《营造法式》所载的这个时期应用和发展的梁柱式构架有两种形式：一种是内外柱同高或内柱稍高，内外柱均为斗拱；一种是内柱升高至檩下，内柱不做斗拱。这两种形式是对唐宋木构的总结，也为明清木构发展打下了基础。

我国古代建筑的木构架，很早就出现了三角形结构。在辽、金建筑中应用叉手、斜撑的例子很多，如应县木塔、朔县崇福寺观音殿等，也突破了传统的框框，有所创新。金代建筑中，减柱和移柱的做法比宋代又前进了一步，这也是对传统木结构技术的突破和发展，进而开创了"头额"结构技术。

宋代砖塔结构在唐塔的基础上作了较大的改进，反映出它的技术进入了新的阶段。宋塔除大多数仍用黄泥外，个别已用白灰砌筑，高度可达 80 米以上，大大超过了唐塔的规模。特别是塔身将空筒式、木楼层的结构改为塔壁及楼层、梯阶全用砖砌，使塔成为一个整体。宋塔改进了唐塔结构上的弱点，看重加强塔身的刚性，

开宝寺塔 ○

开宝寺塔，在京师诸塔中是最高的，也是中国最大的琉璃艺术宝塔，是研究宋代建筑技术与琉璃工艺的重要实物。

开元寺塔

开元寺塔位于河北省定州市内，因建于开元寺中而得名，是世界上现存最高的砖木结构古塔之一。

如开封开宝寺塔、定州开元寺塔。此外，南方地区砖木混合塔也很多。

琉璃制造是我国独特的技术，其制造技术在唐代已经成熟，宋代琉璃瓦的应用更多，但仍主要用于屋脊和屋面边沿，既重防水，也重装饰。

石构建筑也是我国古代建筑中的一部分，有石窟、墓室、塔、桥梁等石构建筑。我国宋代的石工技术有较大的发展。在一些宽阔的水面上，出现了跨梁式石桥，如福建泉州的洛阳桥、安平桥、金鸡桥等。宋代以后又普遍出现了多跨连续拱桥，以北京卢沟桥最为典型。宋代的石塔是一种高层建筑，形式上仿木构楼阁式。在木构建筑需要重点防潮、防腐的部位，一般也都采用石材，如宋太平兴国七年（982）建造的苏州寿宁万岁禅院大殿，尚存有青石雕刻精美的石檐柱、石础等。另外，作为我国古代伟大工程之一的海塘，从北宋开始用巨石砌成。

（二）木结构建筑技术

木结构建筑，是以木材构成各种形式的梁架作为整个建筑物的承重结构主体。墙壁只起围护作用，不承担荷载。在古代，世界上有许多民族的建筑，起初都经过木结构阶段，随后就逐渐转向砖木混合结构或砖石结构方向发展。但我国的古代建筑却一直沿着木结构为主的方向发展，在世界古代建筑中独树一帜，取得了木结构技术的高度成就。这与我国漫长的封建社会自给自足的自然经济的特点是分不开的。木结构建筑对于农民、手工业工人而言，便于储备材料，有易于施工、扩建，能适应山区地形等优点，使它成为我国古代建筑的主流。

1. 宋代的木结构

我国宋代元符三年（1100）颁布的《营造法式》，在建筑技术发展中占有重要的地位，它对我国古代长期的建筑实践作了比较全面的技术总结，尤其是木结构中模数制的确定，对以后建筑影响至深。《营造法式》中对材栔的运用范围更加广泛，更有利于设计施工质量的提高。宋代的木结构建筑，多属于梁柱式结构系统的殿堂式和厅堂式，比隋唐又有许多改进。建筑造型比唐代更富于变化，到南宋末年，柔和绚丽的建筑风格已成为宋代建筑造型的显著特征。

宋代建筑在平面柱网布置方面有所改进，开间的尺寸明显增大，这说明宋代匠师对木材力学性能较前代有更深入的了解。还多采用了"减柱"的手法，除周围的十二檐柱外，大多数减去前边的两根金柱，扩大室内使用空间，保留的后边两根金柱中间砌以扇面墙，使小殿显得比较宽敞，保留的柱子与周围檐柱仍是纵横成行。晋祠圣母殿的前廊，四根老檐柱不直接落地，在平面上也呈减柱式样。另外，在河北省正定县隆兴寺的转轮藏殿最早采用了"移柱"的技术，由于转轮藏置于室内正中，转动起来与室内纵横成行按柱缝排列的四根金柱要发生冲撞，为此，底层的四根金柱分别向外侧移动。

宋代木构架的式样向多样化发展，《营造法式》将当时的木架分成殿堂式、厅堂式，柱梁作三大类型。木构梁发展到宋代，与隋唐时期相比技术更加完善，主要表现在柱框刚度增加、拼合物件出现、大木构件的艺术加工更加精细等几个方面。

对宋代现存的木构古建筑的考察发现，从北宋开始，在柱头上加"普拍枋"的逐渐增多，在柱框的顶部用一圈普拍枋联成一道木质的"圈梁"，与现代建筑结构中的结构原理相似，普拍枋相接之处用比较复杂牢固的榫卯联结。转角处在角柱顶十字相交，上下扣榫出柱头，各个柱头利用柱头的斗拱穿过普拍枋插入大斗底，将柱头、普拍枋、大斗联成一体使之不能轻易移动。额与柱相交，出现了《营造法式》所绘的梁柱对卯的新式样，"藕批搭掌，萧眼穿串"，比原来的半榫入柱的办法坚固得多。宋代建筑中，大多数阑额至角柱伸出柱外，上下刻半榫搭交，比唐代不出头的做法有所改进，增加了阑额转角处的固结和稳定性。我国古代木构建筑中外檐柱子不是垂直的，而是微向里侧倾斜，约为柱高的百分之几。周围的柱子都向内倾斜，这种做法称作"侧脚"。建筑每面的柱子，自明间开始向外至角柱逐渐升高，这种做法叫作"生起"。虽然这些做法在隋唐五代时就已出现，但北宋建筑中更加重视强调柱侧脚与柱上起的作用。由于这两种技术措施都可产生整体建筑的重心向内的作用，对增强整体建筑结构中柱框的刚度是有益的，因此在宋代的建筑中被普遍采用。

宋代建筑中出现的新结构是拼合构件，其主要目的是为了节约木材，用小料拼成大料，常用的有拼合梁和拼合柱。常见的拼合梁是在大梁上加"缴背"，用来补救大梁断面不足。两根构件一般用木榫相连，缴背分担部分荷载，减轻下面大梁的负担。《营造法式》卷三十所绘的两拼柱或三拼柱，一般每根用 2—4 块木料合成一根整柱，各块木料之间的内部用"暗鼓卯"和"楔"，合缝用铁鞠，表面另以"盖鞠明鼓卯"盖面。浙江宁波保国寺大殿共有十六根柱，表面围成八个连续的圆弧，形似瓜瓣称为"瓜棱柱"，过去以为是一根整木料砍制成瓜棱状。1975 年维修时发现，外檐 12 根柱为整根木料制成，殿内 4 根金柱是拼合柱，其中 3 根用四条圆木相拼，拼缝处各贴 10 根"瓜棱"；另一根中心是整根圆木，周围用 8 根半圆枋木贴成瓜棱柱；这根柱由 9 根木料拼成。

宋代斗拱的发展，从总体式样到细节，都继承了唐代的风格，但也出现了一些新的变化。首先，斗拱结构在整体木构架结构中所占比例逐步缩小，改变了唐代建筑整体造型头大身短的现象，斗拱的装饰性能逐渐增强。

宋代的木结构建筑中值得一提的还有"虹桥"。它是一种独特的木拱桥，据《渑水燕谈录》记载，"垒固巨石其岸，取大木数十相贯，架为飞桥，无柱，至今五十年桥不坏"。在宋代画家张择端的《清明上河图》中，也忠实地描绘了这种木桥的结构。虹桥是一座单跨木拱桥，跨径约 20 米，拱矢约 5 米，桥宽 8 米，拱券高度薄，配以丹饰栏杆和两岸桥头的华表，整体造型轻盈若长虹当空，桥拱主要部分为五根拱骨互相搭架，每根拱骨搁于另两根拱骨中部横木上。单独一片拱架不能站立，至少须有两片拱架用横木联系起来。横木除了起支撑联系的作用外，同时又是拱架分配力量的关键，在各节点上使用类似"铁马"的铁件把下缘的拱骨和上缘的拱骨联成整体。这样又以利用拱骨密排的挤束作用，达到限制结构几何变形，具有现代结构中纵横联结的作用。

虹桥的外形虽是拱形，结构的组合仍是以梁交叠而成，称作"虹梁结构"。这种结构不仅造型优美，而且构造简便，整体骨架有纵横两种

《清明上河图》

《清明上河图》是北宋画家张择端仅存的传世精品，也是中国十大传世名画之一，属国宝级文物，享有"中华第一神品"的誉称。

构件，纵横搭置，互相承托，具有简单梁的特点：构件类型少，形体简单，加工简易，构件之间比较容易连接。虹梁结构的另一大优点是用短构件建造大跨径的构造物。从《清明上河图》中所绘比例分析，每个纵向构件长约8米，与桥宽相等，就是说全桥主桥所用大木，是用若干8米长木料支起跨径25米的大桥。虹桥的结构坚固，寿命一般在八九十年以上。900多年前的木桥能达到如此长的寿命，可见结构的坚固性是相当强的。

2. 辽代木结构

游牧时期的契丹人月朔旦都要东向拜日，以东方为尊。所以，辽王朝建立后，兴建的某些建筑群都采取了这一朝向。辽代的木构建筑物多出自汉匠之手，其建筑技术手法，保留着不少晚唐五代的传统。

对于单层檐的建筑，门是主要的出入孔道，因此，门的平面柱列往往是前后三排，即两排檐柱，一排中柱，其柱架侧样，多属于三柱一梁型。如蓟州区独乐寺的山门，宽三间，进深二间，两排檐柱，一排中柱，按《营造法式》称为"分心柱"，共用柱12根。12根柱子，柱头内外等差，檐柱侧脚显著，柱头之间以阑额相连，各柱头上施硕大斗拱以承梁架。山门的梁架以四椽为主梁，以平梁为上部次梁，主次梁梁头各承圆形断面的檩条，前后各五件，但柱头枋不施圆檩，脊檩下不用蜀柱直抵，而以叉手斜支，这些都反映了当时建筑技法的特点。

蓟州区独乐寺

独乐寺位于天津市蓟州区，寺内现存最古老的两座建筑物——山门和观音阁，皆辽圣宗统和二年（984）重建。1961年，独乐寺被国务院公布为第一批全国重点文物保护单位。

单层单檐的佛殿，按结构形式分，有二柱一梁型、三柱二梁型、前后对称四柱三梁型、前后不对称四柱三梁型几种。前二者都使用在辽代的小型佛殿上。有些佛殿显示出一些特殊的斗拱做法，如易县开元寺观音殿的外檐柱头辅作，在华拱与栌斗之间添了一层替木，同时，在跳头上不施令拱，华头直托替木及其上方的撩檐。大同下华严寺薄伽教藏殿是前后对称四柱三梁型的具有代表性的实例。该殿面宽五间，进深八架椽。殿内共用内柱十根，明间用前后金柱各一件，到了梢间，则在前后金柱间又加分心柱一件以增强承受上部荷载的能力。内外柱同高，是辽代前期建筑的一个特点。高碑店市开善寺大殿也是辽代的遗物，它的梁架斗拱与大同下华严寺薄伽教藏殿有许多相同之处。但该殿殿内只见四根内柱，显得很宽敞，内柱排列也不对称。这是因为殿内群像繁多，需要减柱或移柱的做法，以扩大瞻仰礼拜的视野范围。明间的两缝柱采用了"四椽柱对乳栿用三柱"的侧样，而次间两侧却使用通檐六椽栿下加支柱的办法以承传上部的荷重。

⊙ 义县奉国寺大殿是辽代大型佛殿建筑的代表作，它在柱网装置、用材尺寸的选择及梁架结构上有突出的技术成就。辽代匠师从实用的角度出发，在中央七间的前槽和内槽各减去内柱 12 根，共用内柱 20 根，突破了匀齐对称的传统习惯，使殿内有一个相当开阔的空间。辽代的工匠还将 30 多种用材简化为 7 种标准断面，多采用 3:2 或 2:1 的断面比例，用材经济合理。它的梁架结构为四柱三梁式的厅堂构架做法，采用了内外柱不等高，前后槽内柱又不对称的排架方式，在横向、纵向的结构方面出现了一些新的做法，结构形式已趋向简化。斗拱只在外檐部分和梁的交结点上使用，已退居次要地位，不如独乐寺观音阁等辽代早期建筑那样重要了。这是古木结构中一个很大的转变，这一简化结构的趋向给后代的辽金建筑带来了极其深刻的影响。

义和县奉国寺大殿

奉国寺是我国现存的辽代三大寺院之一，其标志性古建筑——大雄殿是古代遗存最大的佛殿，殿内有世界上最古老、最大的泥塑彩色佛像群。1961年被国务院公布为第一批全国重点文物保护单位（辽代三大寺院：奉国寺、独乐寺、华严寺）。

观音阁

如今所留存的观音阁，其建筑的木构部分为当时所建的原物。

辽代的多层檐的建筑，最富有代表性的是建于辽统和二年（984）的天津蓟州区独乐寺观音阁，和建于辽道宗清宁二年（1056）的山西应县佛宫寺的释伽塔。

独乐寺观音阁是一座三层的木构楼阁，通高 22 米。阁中央有一座高 16 米的观音像。观音阁全部结构、梁枋、斗拱不计其数，层栌叠架，结构精巧，工匠们采用了六种标准截面，为设计、施工和估料提供了方便条件。这是辽代建筑技术的一项重大成就。梁枋采用的截面比例，高宽比接近 2：1，不仅能保证刚度，符合现代材料力学的原理，而且又节省木料，经济合理。这也是一种成功的经验。

观音阁的柱网布置采用内外两环的配置方法，外檐柱 18 根，内柱 10 根，构成一个大圈套小圈的双层柱网平面。殿面东西宽 20.20 米，南北深 14.20 米，宽深高进，比例适度，重心稳定。观音阁高三层，外观两层，重檐九脊顶，中间是平座暗层。使用内外两槽构架和明栿、草栿两套屋架。整个构架，从下至上由三个结构层叠而成。全部结构都是按水平方向分层制作安装的。同时内外柱略同高，而且柱身比例低矮，因此具有很好的稳定性，这一点保持了唐代的技术传统。三层梁柱构架都是由双层柱网所组成的。还广泛使用了斜撑作为加固构件，如使斜撑隐在墙中，增加了墙体刚度，防止框架变形，比砖墙不仅质量轻，而且具有弹性，有利于抗震，是辽宋木构楼阁中流行的做法。观音阁的各层柱子都有明显的侧脚和生起，在建筑物的稳定性方面收到了良好的效果。

由于观音阁内要竖立一个高 16 米的泥塑像，需在中层（暗层）和上层的中心部位开出一个贯通上下的空中。因此阁门便开了两层井口，有可能减弱原有构架的稳体性和强度。中层的长方形井口容易变形，为了克服这一缺点，上下两层井口相错配置，上层用一个扁平的六角形井口。由于上下层空井的形状不同，改善了受力条件，有利于防止空开的结构变形，而空中又是容纳塑像的空间，做到了结构和功能的统一。这是多层结构建筑在技术上的突出成就。

观音阁的另一特点就是其斗拱的形式多样，或承檐，或承平屋，或承梁枋，或在柱头，或在转角，或在补间，内外上下，繁简不同，共有24 种之多。但结构功能明确，类型虽多却井然有序，并无杂乱之感。

山西应县佛宫寺的释伽塔（又称"应县木塔"），是我国现存最古老、最高大的一座楼阁式木塔。它 900 多年来经受过多次地震的考验，是我国古代建筑史上的一个奇迹。

应县木塔塔平面为八角形，底层直径为 30.27 米，外观为五层六檐，全塔结构从下至上可分为基座、塔身、塔刹三部分。最下面是砖石垒砌的基底，高 4.40 米，塔身自基底至塔顶砖刹座下，全部用木结构，高 51.35 米，砖刹座高 1.65 米；最上是铁制塔刹，高 9.91 米。木塔总高 67.31 米，体形高大，结构复杂，轮廓优美，是一座典型的楼阁式木塔。它改变了隋唐以前的方形平面，使应力分布比较均匀，同时改变了中心柱的做法，采用连接内外槽柱所构成的筒型柱架的结构方式，这既争取了中部空间，便于布置佛像，也提高了抗弯剪的能力，使塔身更加牢固，是古代木结构发展中的重大进步。木塔建筑在一个八角形的夯土心的砖石基座上。在其上布置有内槽柱、外檐柱以及副阶前檐柱。所有的柱子用梁枋连接成一个筒型的框架，塔身底层的内槽和外檐角都用双柱，并砌在 1 米厚的土坯墙里。墙的下部是砖砌裙墙，裙墙和土坯墙体交接处垫木枋一层以防潮。转角增设一柱，可以减少梁柱和柱头斗拱交接处的剪力，增加构架的稳定性。柱间用厚墙填充，可以防止构架的扭曲，提高坚固性，保证结构的稳定性。

底层以上设平座夹层，再上是第二层，二层上又设夹层，一直重叠到五层，各层柱子衔接而上，每层外檐柱都和它下面的平座层柱同一轴线，都比下层的外檐柱向塔心退入约半柱径。平座层外柱则立在下层斗拱所挑承的梁上。这使塔身曲线优美，结构合理。整体上看下大上小，也正是结构稳定性的要求。而内槽柱，根据力学要求，把上下各层柱放在同一个轴线上，并使八根轴线都略向塔心倾斜。这座木塔构造上最大的成功之处，就是合理地解决了水平荷载问题，使它能够经受长时间自然力的侵袭。为了抵制风力和地震横波的推力，防止水平方向的位移和扭动，在木塔上使用了大量的斜撑固定复梁。这些撑杆和复梁的组合体，性能上分为两类，一类能使平座内槽系统和外檐系统各自加大它们的稳定性，另一类能使内外两层系统保持它们的相对位置。这些结构构成整体空间系统，一经受力，各构件都可联合作用。平座夹层的结构是用斜撑和梁柱组成的一道平行桁架式的圈梁。在这个券梁的内环上，又叠置由四层枋子组成的一道牛干式的圈梁。整个夹层成为一个牢固的构架，在五层塔身中，间隔均布了这样四道刚性构架。在外观上，夹层成为一个牢固的构架，这也就是应县木塔经受了九百多年的风风雨雨、地震灾害，仍然巍然屹立的原因。

在应县木塔的五个楼层上，内槽柱里的中央空间供奉佛像，内槽和外檐柱之间供人通行，因此不设斜撑。塔的四个正方向各面三开间，中间辟门。壁外平座设阑干形成周围挑台，供人凭眺。在四个斜方向上，两层间的柱间原有剪刀撑，封上荆笆抹泥墙。这是出于结构的需要，同时在建筑构图上，和四个正方向的门窗隔扇形成虚实对比，颇为得体。塔里扶梯的设计，既考虑上下交通的实用要求，又兼顾结构的合理性。为使扶梯坡度不致太陡，每层都分作两折而上，利用平座夹层作休息板。由于夹层中每在楼梯处都不能安置斜撑，因而形成结构上的弱点。为使弱点分散，扶梯每隔一面安置一道，采取塔身螺旋而上的方法。

佛光寺

佛光寺位于山西五台县的佛光新村，寺中的唐代建筑、唐代雕塑、唐代壁画、唐代题记，被人们称为"四绝"。1961 年，佛光寺被国务院公布为第一批全国重点文物保护单位。

崇福寺

崇福寺位于山西朔州市。1988 年，崇福寺被国务院公布为第三批全国重点文物保护单位。

晋祠献殿

晋祠献殿斗拱简洁，出檐深远，外观酷似凉亭，但整体结构轻巧稳固。

在全塔的细部构造处理上，如构件比例、榫卯搭接等方面，建筑手法很值得称道。以斗拱来说，由于作了因地制宜的处理，全塔采用了六十多种式样，按照不同结构构造的要求和材料的经济适用，灵活设计，既承担了结构任务，又美化了建筑外观，表现了古代工匠高超纯熟的技艺。

3. 金代的木结构

1115 年，东北地区的女真民族建立了金王朝。在建筑技术上，金代早期建筑受辽代影响较大。辽代一些建筑物使用内外柱不等高的八椽屋，金代的佛光寺文殊殿、崇福寺弥陀殿也采用了这种结构形式；辽代的斜拱，到了金代更为普遍流行，而在同时的南宋建筑中却很少使用。金代的建筑技术受北宋影响也较深，如晋祠献殿等。

金代单体建筑的平面柱网与辽代一样采用移柱、减柱的做法，由于柱数减少，梁架结构随之变化，建筑内部避免了雷同。由于采用了减柱、移柱法，立梁荷重不能直接传到立柱，常常是前檐内柱之间的大额要承受立梁传下来的巨大荷重。当时使用近似于桁架的大额解决承重问题，如朔县崇福寺弥陀殿，它使用了上下两根横枋，斗子驼峰，以及约45 度的斜材（叉手），共同把主梁的荷重向金柱传递。为了降低横枋端部的剪力影响，柱上端还加用两道悬臂梁，承受在横枋与金柱之间。尽管这种横枋结构还不是完全的桁架，但 800 年前的金代出现了这种实例，是木结构技术发展过程中的一种创造。

（三）砖结构建筑

与木结构相比，我国古代砖结构建筑处于次要地位，但仍取得了很高的成就。南宋时我国南方不少州府已有砖包砌的记载，据陆游《入蜀记》所述，南宋已开始出现全部用砖砌筑的建筑。

经人工烧制的砖，强度、耐磨性、耐水性等方面大为提高，最早应用于古代建筑中耐磨和防水的部位，在墓葬中也长期被使用。叠涩结构的砖顶结构最早产生于东汉，它保持了拱壳结构的外形，采用逐皮砖面成水平逐层出挑的砌法，较拱结构施工简单得多。这种叠涩结构在唐、宋、辽、金时长期应用在砖墓、砖塔上。南宋时，砖筒拱结构开始在城门洞上出现。

砖塔是我国古代主要的高层砖结构工程，有些砖塔高达60~80米，经历近千年风暴和地震的考验，仍巍然屹立，表现出砖塔良好的结构性能，是我国古代砖结构技术的重大成就。五代末及两宋时期，是砖塔发展的全盛时期，出现了一批七八十米高的大塔。我国现存最高的砖塔，是建于北宋皇祐四年（1052）的河北定州开元寺塔（料敌塔）。

塔是随着佛教传入而出现的，有实心和空筒之分。我国的塔与佛教教义和印度型塔又略有不同，有登高瞭望的要求，这就必须对塔的结构、梯级、走道、门窗开口方式等进行一系列的改进。砖塔代替木塔逐渐占主要地位，耐火是一个重要原因。砖塔内的梯级、楼层也逐渐由砖石材料代替木料。

空筒结构的砖塔，就是用砖砌成很厚的壁体，中心形成一个空筒。宋时，还是有一些空筒结构的塔，用砖壁、木楼层。由于塔内净空间有限，木梁足以胜任负荷。由于木料易燃易朽，五代末开始尝试用砖料代替木料做梯层和砖阶，砖阶梯下面必须有承重的砌砖实体，因此它的结构方法对塔体结构有极大的影响。现存最早的砖阶梯实物，是建于北宋太平兴国年间（977—984）的开封繁塔。它的底层墙体内，辟甬道形成阶梯达到上面。这种把阶梯甬道布置在外墙之内，随外墙的转折而转折的方式，称为"壁内折上"式。砖阶梯还有在塔心柱内开辟登塔的阶梯甬道的，称为"穿心式塔"，最著名的是河北定州的开元寺塔。这种塔的厚重的塔心柱，是塔结构的主干。外壁相应地减少了负担，可以做得较薄。内廊是为了登塔的需要而产生的，宽度不大，楼层可以用砖券或叠涩砖构成。砖阶梯还可以穿过外壁（而不是在外壁之内盘旋）开辟而成，称为"穿壁式塔"。此外，还有"回旋式塔"，全塔视作一个空心柱体，梯级在其中盘旋而上，甬道向外一侧的墙身上适当位置开窗口采光或通风。这种塔结构整体性好，纵断面积小，有利于抗风抗震。最著名的实例是开封祐国寺塔（铁塔）。

总而言之，宋代已经尝试和解决了包括阶梯、楼层在内用砖料的楼阁式砖塔的各种处理方法，并留下丰富的塔例。以后的元、明、清没有更多的增添。宋代是古代砖塔技术的成熟和高峰时期。

砖木混合式塔，是在砖砌的塔身上，加有木构的塔檐和平坐，其顶端用木刹柱，底层一般有木构的围廊。塔身模仿木构的柱、枋、窗棂等形象，使塔的外貌给人以木构的形象。这种塔的结构要点，在于解决木

○ 普救寺塔
普救寺塔位于山西省永济市，著名的《西厢记》故事素材即源于普救寺塔。

北京天宁寺塔

北京天宁寺塔始建于北魏孝文帝年间，天宁寺当时叫"光林寺"，是北京最古老的寺院之一。

料和砖结合的问题。宋代时砖木混合塔在华拱断面尺寸、出跳长度、外檐、砖壁结构及墙面等方面，已经形成了一套比较典型的做法，明清多沿袭宋式。

实心塔，则是全部用砖砌出塔形，从外观看似一座楼阁，实际上是用砖砌成的实心体。在辽代以这种实心结构建成高大的塔，用来摹仿密檐塔和楼阁式塔。辽代的密檐塔的建造大量借鉴了唐代的式样和风格，如辽代涿州普救寺塔、北京天宁寺塔等；而楼阁式的实心塔则与宋塔没有多大区别，如辽代庆州白塔。辽代庆州白塔位于巴林左旗（林东县），有八角七层，塔下一个高基座，上再做一个扁座。第一层塔身每间均作三间，在中心处东西南北四面开假门，无门之处当心间设置棂窗，稍间雕出密檐小塔，其余部分为莲花纹飞天等。第二层以上各层，每间均刻出密檐小塔，塔刹部位用砖砌出一种小型塔，上端做金属相轮刹或用金葫芦刹。

辽代砖塔塔心内部构造方法是先砌外壁，接着将内部填砖砌平，逐层高起。考古证实内部砌砖没有严格的规律。此外，辽塔中因为雕刻的花纹多，常用磨砖对缝砌，加工细致，形象与尺度完全模仿木构手法，是砖工技术的一大进步。砖间多用白灰渗浆，内部结构全部用黄土泥浆。而塔身的半圆雕和浮雕、斗拱、柱子等都采用预制方法，事先进行砖制、雕凿、镌刻、磨制等加工过程。

　　古代的砖塔，都用砖砌出很厚的壁体，承受上面传递的压力。早期的塔壁构造从基础开始用砖砌壁体，直接从地面开始，不加基底。到了宋代，塔壁下部用砖基座或用石块砌筑基底。壁体表面砌砖方法，宋代主要采用一层丁头、一层顺砖互相叠错的式样，也有顺砖连续交错砌筑，比唐代一层丁头、三层顺砖互相叠错又进了一步。为了稳定起见，塔壁越往上体积越小，塔身壁面随之向里收，产生了侧脚。宋辽时期砖塔仿木构外形，在塔身上砌出倚柱、梁枋、斗拱、门窗、浮雕等，这都增加了砌砖的复杂程度。塔身上的门窗在宋代多为隔层相错，这是为了避免在砌体上出现开口过于集中的薄弱部位，增加了塔身的抗震性。这种形式最早表现在建于北宋太平兴国七年（982）的苏州双塔。

苏州双塔
苏州双塔位于江苏省苏州市凤凰街定慧寺巷内的双塔院内，像这样紧紧靠在一起的双塔是全国唯一的。如今，苏州双塔与正殿遗迹被列为全国重点文物保护单位。

砖塔，尤其是高塔的建造绝非易事，关键在于足以承受最大起重件重量的脚手架和有效的提升工具。施工的第一步是塔基，然后在基层面上画线定位，再画出塔身多边形的各角位置，开始砌筑。在砌筑中除了保持正多边形在逐层尺度缩小而分角不变外，还应保证各层的几何中心在同一垂直线上。古代砖塔的轮廓、各角的位置相当准确挺直，表现了古代匠师在校正技术上的水平。建造高塔用的脚手架本身，也是水平很高的技术。脚手架一般呈井状构架包绕塔身，并与塔身保持一定的距离，避开出檐等突出部分，并随塔身向内倾斜，依附于塔身。砖塔最困难的施工环节是安装木塔刹，因为一般来说塔刹是最重及最长的起重件。

由此可见，造塔需要极其繁重的劳动和高超的技术，反映出我国古代劳动人民的勤劳和智慧。

（四）石结构建筑

石构建筑是我国古代建筑的一个组成部分，早在南北朝就已开凿石窟寺，到宋元时逐渐衰落。石构建筑在地下的有墓室，地上的有石塔、房屋和桥梁等。

宋代我国石工技术有了较大的发展，在一些宽阔的水面上出现了多跨梁式石桥，如福建泉州的洛阳桥。宋以后又出现了多跨连续拱桥，以金明昌三年（1192）始建的北京卢沟桥最为典型。

石塔是一种高层建筑，在福建地区保留着不少宋时的遗物，形式上都属于仿木构楼阁式的，类型有设有塔室的小型塔、空筒型石塔和带有塔心柱的石塔等。

石构中还有石阙、经幢等建筑小品，介于建筑工程与雕刻艺术之间，多是仿木建筑，具有一定的艺术价值。在木构建筑需防潮、防腐的部位，多采用石材。石材的构造、形式虽然往往受木构建筑的影响，但

····O 石窟寺

石窟寺是指就着山势，从山崖壁面向内部纵深开凿的古代庙宇建筑，里面有宗教造像或宗教故事的壁画。石窟寺是佛教建筑中最古老的形式之一。

在结构上能符合石材的性能和力学原理。此外，石料的加工、雕刻技术表现出古代匠师们的高超技巧和艺术才能。

宋代石构建筑发展比前代迅速，有许多建筑为了永久性都采用石构件。在石料的开采上，除了用"火烧"的方法外，火药的应用对开石也起到了促进作用。在采石地区以石梁为主，在非采石地区，则以采用小料的石拱为主。

1. 石塔及石幢、石亭

宋代的石塔建筑达到极盛，今存最古老最大的石塔都是这一时期的作品，其中首推福建泉州开元寺双石塔。

泉州开元寺双塔，东称"镇国塔"，西为"仁寿塔"。东塔始建于宋嘉熙二年（1238），高48.24米，前后12年完成；西塔始建于宋绍定元年（1228），高44.06米，10年完工。两塔平面八角形，五层，各层塔第八隅列圆柱，上施阑额；柱之间为门或窗及梯柱等；阑额之上出双抄斗拱以承檐。各层腰檐以上为勾阑无平座。内廊出华拱两跳承枋，用以联系塔中心柱与塔壁。此二塔形制大致相同，结构上完全模仿木结构。西塔内部的石梁枋，皆作刀梁形，较东塔更像木构。

这两座塔虽为国内最高大的石塔，但就结构而论，所用石料并不大。倚柱用数段拼接，塔壁以横条石与丁石互砌。因此该塔之塔心柱与塔壁，据考察为"双轨"造，类似于空斗砖墙，不是实砌。这样不但减轻了塔身自重，在砌垒时亦平整妥帖。在转角处皆用搭角交接以增强联系，使之成为整体。这时的石面加工，已能用水磨光，表面平洁，砌缝严密。

现存的宋代石构除石塔外，还有多处石幢。宋代石幢结构比唐代层数加高，施工技术中吊装和胶结技术更为提高。最著名的有赵县经幢，高 15 米有余。而石亭建筑，完全仿木结构，如江西庐山万杉寺南的宋石亭，全部用花岗石造，亭平面方形，上有四角攒尖顶，仿木结构形式。亭四角用八棱柱，上与檐额相连，下贯地，再加有普拍枋，完全是木结构的形式。石亭上有熙宁十年（1077）的题记。

2. 石桥

两宋时期是我国古代石桥建桥技术的发展和提高阶段。在北宋，虽然石料的开采生产技术有一定的提高，但建桥的数量和规模仍受限制。北宋时福建泉州建成的洛阳桥是我国桥梁史上的一个突破，它不仅达到了一个新的长度记录，而且开创了在江河入海口建桥的先例。到了南宋，泉州由全国四大外贸商港之一上升到当时世界上最大的港口之一。由于商民往来、货物转运的需要，出现了大规模的民间造桥热潮。北宋泉州洛阳桥的建造，也为后来的造桥工程提供了宝贵的经验。

北宋泉州城东北洛阳江口的洛阳桥，处于从泉州北上福州，转从

········O 洛阳桥

洛阳桥位于福建省泉州市洛阳江水道之上。洛阳桥是著名的跨海梁式大石桥，素有"海内第一桥"之誉，是古代"四大名桥"之一。

江西、湖北，抵达汴京（开封）的"官道"上，是南北运送物资的必经之地。洛阳桥建于宋皇祐五年（1053），完成于嘉祐四年（1059），据当时的记录，桥长360丈，宽1丈5尺，分47桥孔，建造时间6年零8个月。

洛阳桥工程的最大困难是桥基的建造。桥址位于江海汇合处，潮浪夹击，流急水深。在这种自然条件下，当时的桥工首创了现代所谓的"筏形基础"的新型桥基，就是在江底沿着桥梁中线抛大石块，并向两侧展开相当的宽度，成一横跨江底的矮石堤，以此作为桥墩的基址。洛阳桥的筏形桥基宽约25米，长约500米。

石堤刚筑成时，石块间仅靠自重互相叠压，联结牢度很差，经过长时间风浪潮汐的冲击，石堤各部分必然发生陷落、漂动等情况。在这样的基础上砌筑的桥墩不稳固，需采取加固措施。因此，当时又发明了"种蛎固基"的方法。

牡蛎是生殖在浅海区域、长有贝壳的软体动物，它的背附在岩礁上，与附上物相互胶结成一体，繁殖力很强。成片成丛的牡蛎无孔不入地在海边岩礁间密集繁生，可以把分散的石块胶结成很牢固的整体。"种蛎固基"

牡蛎

牡蛎是世界上第一大养殖贝类，是抗逆性最强的水生动物之一。其作为海产养殖贝类，不仅肉味鲜美，而且其肉与壳均可入药，具有较高药用价值。

就是利用这种牡蛎的大量迅速繁殖，把原来比较松散的石堤胶成牢固的整体。这一过程需 2~3 年，这期间石堤经受浪潮的往复冲击撼动，乱石孔隙调整密实，使整条石堤达到相当稳定坚固的程度。这种方法后来还应用于加固桥墩。

洛阳桥的筑墩和建梁工程则是"激浪以涨舟，悬机以弦牵"（周亮工《闽小记》）。前者是利用潮汐的涨落控制运石船只的高低位置，以便于石料的浮运、下卸、就位，和现代浮运架桥法基本相同；后者可能指当时的一种吊装设备。用这样的方法，将每块重达 20~30 吨、共 300 余块的大石梁和重达 10 吨左右的几万块桥墩石条起架于洛阳江上，工作量极为繁重，从中也可以想见古代桥工付出的艰苦劳动。

南宋短短 150 年间，泉州地区建造了几十座大中型石梁桥。泉州的桥梁多出于外贸发展需要而建造，目的是为了尽量使各个港区、码头与泉州联系紧密，往来便捷，所以桥都是近海、靠海甚至伸入海湾。这样的桥就势必要造得很长，南宋泉州桥梁之长和长桥之多是一大特点。

安平桥是泉州长桥中的代表，以"天下无桥长此桥"闻名。该桥跨越于安海港海湾上，连接东边的石牛镇和西边的水灵镇。桥长据当时记载为 811 丈，362 跨，超过五里，又名"五里桥"。桥上设有五座亭子，供过桥行人休息，中间一座称为"水心亭"，是两县的分界处。这是我国古代历史上遗留下来的最长的一座桥。其他的长桥还有盘光桥、无尾桥、泉州南门外的玉澜桥等，可惜已倾毁无存。

安平桥

安平桥位于中国福建省泉州市晋江安海镇和泉州市南安水头镇之间的海湾上，是中国现存古代最长的石桥，享有"天下无桥长此桥"之誉。1961 年，安平桥成为国家第一批公布的全国重点文物保护单位之一。

由于是近海建桥，水底泥沙受浪潮冲击，经常漂移集散，很不稳定，难以采用围堰筑堤、抽水筑基直达水底岩层的做法，多采用筏形桥基的形式。南宋所建金鸡桥桥基，称为"睡木沉基"，是另一种筏形基础。筑基的方法是先在潮落水枯时，将墩基泥沙抄平，然后用几层纵横交错编成的木筏固定在筑墩处的水面，再在木筏上垒筑墩石，随着墩石逐层增高，分量逐渐加重，木筏逐渐下沉到水底。新中国成立后在金鸡桥位上修建水闸时，挖开旧桥墩，发现了"睡木"桥基。这是用几十根 5~6 米长的松圆木一层横一层纵编成的两层木筏，面积达 30 平方米。利用这样的木筏作基，一方面使石墩下传的巨大压重由大约一倍于墩身平面面积的河底来承受；另一方面对河底大片泥沙起到压实、固定的作用，对桥墩的稳定安全有利。这是继洛阳桥的长条石堤式筏形基础后的又一项可贵的创造，比石堤式筏形基础工程量减少很多。

泉州当时建的桥都是石墩桥，而不是石柱桥。这是由于石柱桥的柱式结构过于单薄，难以抵抗猛烈的冲击。泉州的石墩桥又与其他地方的形式有所不同，是用整条大石，一层纵一层横垒置而成的，不用胶结，构造简单，施工快捷，压重大，整体性好，可以很好地对付水流冲刷和浪潮拍击。

我国南宋时期以后，拱式桥也有了很大的发展。最为著名的是北方金代的卢沟桥和南宋的宝带桥。

卢沟桥
位于北京，因横跨卢沟河而得名，为国家 AAAA 级旅游景区。1961 年，卢沟桥被国务院公布为第一批全国重点文物保护单位。

卢沟桥是现存最早的连拱石桥。它位于北京西南 10 千米，跨永定河，于金明昌三年（1192）建成。全桥 11 孔，每孔跨距约 16 米，桥身长 212 米，连桥长 265 米，宽约 8 米。卢沟桥位于后代金、元、明、清的都城近郊，车马行人频繁。桥的结构坚密，尺度宏伟，早已闻名中外，成为北京近郊的名胜。卢沟桥所采取的砌拱方式，不同于赵县安济桥的并列拱，而是券石横向成列的横联拱，这种拱券的整体性比并列拱好，荷载传达分布更为均匀，没有向外分离崩裂的可能。由于各跨距离相近，各拱矢高大致相同，在拱背填平之后，桥面坡度平缓，可以行车。

苏州附近运河支流澹台河上所建的宝带桥，全长 317 米，是我国最长的连续拱桥之一。它重建于南宋绍定五年（1232），明正统十年（1445）曾大修。全桥共 53 孔，跨距除三孔外，均为 4.6 米左右，保证了桥面平坦。位于主航道的三孔，中间一孔跨距 7.45 米，两旁各 6.5 米，桥面至此有一斜坡。在最大桥孔处，运河船只放下桅杆即可通行。桥宽 4.1 米。除了人行交通外，主要是纤道用；由于纤挽所需，桥两侧不设拦板。石拱券由一般纵向并列石条与一条横向石条（锁石，与桥宽等）相间砌成。这是南宋以来江浙一带常见的砌拱方法，不仅用于石桥，也见于石拱门道。这种砌法可减少石料整形修边的加工工作量。另外，宝带桥的桥墩比较单薄，属于柔性墩。这种墩的好处是减少阻水面积，节省石料用量。

梁式桥在各地均有建造。著名的有绍兴八字桥，建于南宋宝祐四年（1256），特点是引桥与桥身垂直，沿河岸延伸，不致截断沿河道路，因布置方式类似"八"字而得名。

总之，宋以后石桥逐步取代浮桥和木梁桥，成为桥的主流。

3. 石海塘

最早的海塘是沿海人民为保护农田、发展生产而修筑的简陋海堤。我国早在汉代就已大规模地兴筑海塘。据宋《咸淳临安志》记载，五代钱镠筑海塘之前，土塘建筑主要是"版筑法"。钱镠之后，虽仍有不少海塘为土塘，但已开始了石塘的历史。石海塘建筑技术之一的竹笼法，就是实石于竹笼，筑成海塘，临水处再打上高大木桩。《咸淳临安志》中所说"造竹笼，积巨石，槛以大木"，就是指这种方法。据《宋史·河渠志》所载，在宋大中祥符七年（1014）石笼法仍在采用，未被新的方法代替。

但竹笼长期浸在水中，日久要朽坏，每隔2~3年必须修塘一次。北宋时屡次修筑钱塘江北岸洪塘，起初还用竹笼法，后来发明用巨石砌成海塘。景祐年间（1034—1037）张夏作转运使，专门采石在杭州六和塔至庆春门一带修筑海塘，这是钱塘江上最早的石塘。庆历元年（1041）又筑石塘2200丈。

单纯的石塘内侧的土堤不厚，不易牢固。如果在石塘内侧厚筑土堤，大条石依靠土堤，就不容易晃动，海塘也比较安全。在庆历元年就出现内侧实填黄土堤的石塘。

宋庆历七年至皇祐二年（1047—1050），王安石任鄞县（现宁波市）知县。他在领导修筑海塘时有所改革，石塘的临潮面用坡陀形而不是垂直面。对于坡陀形海塘，海潮的水平冲击力在坡陀形塘面分解成平行于塘面和垂直于塘面的两个力。而海塘临潮面坡度越小，潮汐对海塘的正面冲击力量就越小，海塘就越安全。坡陀法的采用是一大进步。明、清以后砌塘法有了很大改变，但潮面成坡陀形作为先进方法一直流传下来。

（五）建筑材料的加工、制作

建筑材料的发展水平是建筑技术发展水平的标志之一。天然材料以木材为主。宋以后，石材的生产、加工效率大幅度提高，为建筑上广泛采用石材创造了条件。人工建筑材料方面主要是陶质建筑材料，有砖、瓦之类，其次是石灰，主要用于粉刷墙壁、胶结砖砌体、配制灰土基础等。宋以后石灰的运用逐渐增多，宫殿内的粉刷材料渐渐为石灰所取代。

我国古建筑以木构为主，木材的采伐加工技术历史悠久。宋代的《营造法式》一书详细描述了与木材加工有关的大木作、小木作、雕作、旋作、锯作等，并规定用料功限等制度。

宋代采石生产效率的提高与火药的发明应用是分不开的。据考证，宋代泉州石桥上的石材有应用火药的痕迹。古代用黑色火药对石材开采起震动作用。这种黑色火药用木炭、硝石、硫黄的细末混合而成，威力小，气体发生速度慢，适合开采大块料石。据《营造法式》的记载，宋代的石材加工有打剥、细漉、褊棱、斫砟和磨砻等工序。此法现在南方（苏州一带）石工仍在使用。

砖是古代重要的人工建筑材料，从春秋后期就开始逐渐普遍应用。宋代以前砖的规格还不统一。《营造法式》对制砖技术进行了总结推广，对功限、用途及砖的规格尺寸作了统一规定，使大规模的建筑活动有了方便的条件。宋代制砖基本已不再压纹饰。当时宫殿铺地方砖和砌筑条砖都要经过研和磨，这就是后世所谓的"磨砖对缝"。制砖技术发展到宋代已达到成熟水平，宋之后砖的使用范围和生产数量都是空前的。

瓦是重要的屋面防水材料，它有效地解决了屋面防水问题。瓦最早源于西周，在秦汉时极为兴盛。《营造法式》中记述了完整的瓦作制度和窑作制度。宋辽金时期，瓦在民间建筑中得到了推广和普及。从北宋的画卷上可以看到我国古代灰陶瓦发展的最后面貌。

焙烧是砖瓦生产的重要环节。宋代的砖瓦焙烧技术已是集大成的时代。由宋《营造法式》的窑作制度看，当时焙烧砖瓦的主要燃料是低质的茭草。宋代砖瓦同窑合烧"搭带烧变"，反映出当时已能利用窑室中各部分温度的不均匀来使砖瓦一同烧成，简化生产工序，避免了"欠火"和"过火"，大大缩短了生产周期。宋代在具体烧法上充分了解砖瓦坯焙烧的变化过程，对"烧变次序"有严密合理的规定，准确地应用了氧化、还原、渗碳等方法。在宋代，半连续的龙窑已经应用在陶瓷的生产上，但在砖瓦窑上并没有得到应用。

另外，特别值得一提的是琉璃瓦的使用，这是我国古代建筑的重要特征之一。在宋代已出现整体建筑使用琉璃构件，如河南开封的"铁塔"，就是宋代所建琉璃塔，以琉璃赭黑色远看似黑铁而得名。《营造法式》对琉璃制作工艺有很详细的记录，一般要制胎、预烧、挂釉，然后放入烧色窑中进行第二次焙烧。

（六）李诚与《营造法式》

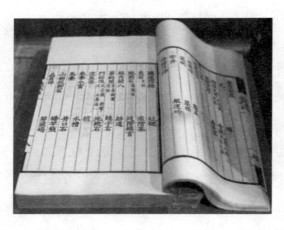

《营造法式》

《营造法式》是建筑设计、施工的规范书。

李诚的《营造法式》是我国流传至今的第一部最完善的建筑技术专著。这部关于建筑设计、施工的典籍，性质类似于现代的设计手册加建筑规范，是我国最早有关于劳动定额的科技著作，是研究宋代建筑的珍贵文献。

李诚，字明仲，郑州官城县（今河南郑州）人。生年不详，逝于大观四年（1110）。他出身于官宦之家，祖父在祠部掌管庙祭、卜祝、祠祀，使他从小就有较多的机会接触古代的庙宇宫殿。他曾随父亲生活于西安、成都、洛阳、郑州等古代名城，很早便受到古代官式建筑的熏陶。李诚于元祐七年

（1092）以承奉郎为将作监主簿，开始了他管理建筑工程的生涯。崇宁元年（1102），李诫升任将作监，主持国家的建筑工程工作，因设计管理之功屡次受到封赏。他主持设计和修建的大工程有五王邸、辟雍尚书省官衙、龙德宫、棣华宅、开封府廨、太庙及钦慈太后佛寺，因建筑设计与工程管理上的成绩，在将作监连升十六级。

开封府
开封府位于河南省开封市，是北宋京都官吏行政、司法的衙署，被誉为"天下首府"，是国家 AAAA 级旅游景区。

绍兴四年（1079），李诫奉诏重修《营造法式》。他早在长期的建筑设计与施工实践中就积累了丰富的知识、经验。除了运用自己的知识和经验外，他还潜心研究古人的经验，并"勤匠人逐讲说"，收集能工巧匠的成功经验，集思广益，总揽古今，于元符三年（1100）撰成《营造法式》，并于崇宁二年（1103）颁行全国。《营造法式》是我国古代建筑史上的光辉著作，标志着我国古代建筑设计和技术发展到了一个新水平。

《营造法式》全书 34 卷，357 篇，3555 条。除诠释名称的二卷 238 条外，其他 308 篇、3272 条都是来自工匠的相传并经久可以行用的方法。第一卷"总释上"、第二卷"总释下"都是根据《周易》《考工记》《尔雅》等典籍诠释建筑物（宫、殿、阙）及其构件（如栋、壕、椽）的名称及几何图形计算。其余各卷包括壕寨、石、大木、小木、彩画、砖、瓦、窑、泥、雕、施、锯、竹等各作制度，以及施工的功料、定额和各种建筑图样。第三到十五卷是 13 个工种的制度。第三卷是壕寨制度和石作制度。还记述了工程中取正、定平的工具（景表版、望筒、水平真尺等）及其使用方法。"壕寨"是指地基、筑墙等土石方工程；"石作"是讲述殿基、台阶、柱础、石栏的做法和雕刻，其中造石的 6 道工序、雕镌的四种制度、十一种花纹类型和二十七种石工建筑的标准尺度、打造方法、砌置技术等，是宋代石工技术的重要成就。第四卷到第五卷是"大木作制度"，对各种建筑物的梁柱、斗拱、檩椽的选材规格、加工、安装和挑檐、举折的尺度、方法等进行了详细的叙述。第六到第十一卷是"小木作制度"，首先讲述了门窗、栏杆、照壁等装修技术，然后讲解庙宇寺观内佛、道二教的神龛和经卷书架的装修技术。第十二卷是"雕作""旋作""锯作""竹作"四种制度。前三者讲解了木料的加工方法，后者讲述了竹材的选择、分类和编织方法。第十三卷是"瓦作""泥作"制度。"瓦作"分"结瓦""用瓦""垒屋脊"等，叙述瓦类尺寸、等级和用法；"泥作"分"垒墙""用泥""画壁"等，讲解抹、刷、垒砌的技术与规定。第十四卷是"彩画作制度"。首先记叙彩画的绘图、颜料的配制法则和使用方法；其次按不同部位、构件和等级，讲解不同图案的画法和各种题材的构图。第十五卷是"砖作""窑作"两种制度，前者讲砖的规格与砌法；后者记叙砖瓦琉璃等的规格、制作和垒砌方法。

《营造法式》编著的目的是为了满足统治阶级管理的需要，是作为朝廷法令性典籍颁发的。它用了十三卷的篇幅规定功限和料例。如把各种建筑构件的加工，按工艺技术的难易程度和劳动量分作上、中、下三等；根据木材质地软硬程度不同、物资运输距离的远近、河道驳运、分顺流、逆流等不同，用功量也不同。这些计功数值相当苛刻，反映了封建统治者对劳动工匠的压迫和剥削。

第十六到二十五卷是按照各作制度的内容，规定了各种劳动定额和计算方法。第十六卷是壕寨、石作的"功限"，有关台、城、墙及柱础、角石、地面石等的劳动定额；第十七至十九卷，是"大木作功限"，有关各类门、壁、帐等的劳动定额；第二十四到二十五卷，是"诸作功限"，有关"雕木作""锯木作""彩画作"的劳动定额。

第二十六至二十八卷是"诸作料例"，规定了各工种、各构件的等级、大小所需材料的限量。

第二十九至三十四卷是"诸作图作"，图样包括测量工具、地盘平面图、柱架断面图、木构件详图，以及各种雕饰和彩画图案。

全书内容按照释名、各作制度、功限、料例、图样五部分写成，极有条理。《营造法式》一书最杰出的成就在于它根据前代经验，总结出一套木构架建筑的"材、分"模数制。"材"分为"单材""足材"。"单材"是斗拱或木方的断面，高十五"分"，宽十"分"；而"足材"的断面高二十"分"，宽十"分"。"单材"与足材之差为"楔"，高六"分"，宽四"分"。"材"分成八个等级，可以按殿、堂、榭的种类和规模选用。只要选定了某种材，殿、堂、榭的总体尺寸、构件长短、屋顶坡度等尺度都可以按选用材的"分"数作基数，通过书中规定的比例关系推算出来。"材、分"模数制中，"材"是八种规格的结构枋木，又是建筑物结构设计中运用的八种模数，而"分"是它的分模。"栔"是补充模数，是以"材""分"为依据的。这样，殿、堂、榭等建筑物的各种尺度便可用多少材、多少分、多少栔来表示。

"材、分"模数制体现了宋代工匠在力学方面的高度成就。它所规定梁的矩形断面都具有 3 : 2 的高宽比，完全符合现代力学的原理。《营造法式》将梁断面高宽定为 3 : 2，是结构力学发展史上的重大成就。伽利略在五个世纪后，才明确地得出了梁的强度与梁的断面形式定量的关系。《营造法式》中表示构件的尺寸、构造方法一般用几材几栔。由于"材、分"模数制的实行和普及，在施工交底时，只要向工匠们讲明某一节点是几材几栔，就等于现代给出了具体的节点构造大样。"材、分"模数制还便于估工备料，更便于构件的分工制作与总体装配，保证了加工构件具有标准化的节点和准确无误的拼装，不仅简化了设计程序，还可提高施工速度，减少差错。它体现出了宋代木构架建筑体系的高度成熟。

此外，《营造法式》还总结了"素平""减地平""压地隐起""剔地起突"四种雕刻技法，集中反映了北宋时期建筑雕刻技艺的成就。它所总结的技法，在现代依然适用。

（一）发展概况

公元 960 年，宋王朝建立，结束了五代十国的分裂割据局面。国家统一后，宋初的统治者着重恢复农业生产，社会的经济、文化得以迅速发展。宋时的造船业、印刷业、纺织、矿冶等各种手工业发展显著，规模和产量迅速超过了前代。

我国的制瓷业到北宋时有了突飞猛进的发展，取得了辉煌的成就。北宋时期，河北、河南地区的定窑、汝窑、北宋官窑、磁州窑，陕西耀州窑，宋辽对峙时期的辽瓷和南宋时期浙江、福建、江西等地的龙泉窑、南宋官窑、建窑、吉州窑、景德镇窑等，以及宋金对峙时期的金代瓷窑，都是我国陶瓷史上比较出色的窑场。其中，定窑、汝窑、官窑、哥窑、钧窑被称为"宋代五大名窑"。

从宋墓的壁画可以看出，随着宋代经济的复苏和发展，人们的生活方式发生了很大变化，并对瓷器有了新的需求。一方面为满足皇宫贵戚装点居室、收藏玩赏之需，高档瓷器在质量上和造型上不断更新；另一方面民间日用陶瓷需求也在增长。宋时酒楼茶坊都悬挂名人字画，以器皿精洁为号召。饭店用耀州青瓷，饮食担子也用定州白瓷。宋代东南亚的香料大量输入，妇女化妆使用瓷制的香料盒、脂粉盒等。宋代时还风行"斗茶"，"斗茶"用的黑瓷茶碗也有大量需要，这都使得此间日用陶瓷在数量上、质量上有极大的发展，名贵瓷品不断涌现。例如龙泉窑运用不同的受热膨胀系数烧成的"百圾碎"，弟窑的"粉青"，定窑的莹白、甜白、牙白和绣花、刻花、印花，官窑的"紫口铁色"，景德镇的月白（影青），建窑的"乌黑兔毫"，磁州窑的黑釉刻花以及杂彩等瓷器，都是极负盛名的珍品。

月白釉

景德镇的月白与钧窑的天青相比，是更淡的蓝色，釉层厚而不透明，以铁的化合物为着色剂。

宋代的制瓷业如此繁荣发展，不仅由于社会经济文化发展的需求，更由于当时社会的"铜禁"和宋王朝对海外贸易的重视。

宋代时我国的冶铜业虽然已经很兴旺，但因铜是铸造钱币和兵器的重要原料，在使用上会受到严格的限制。当时的宋朝北方有契丹政权对峙，西北又与西夏连年用兵，其后金人又不断南侵，所以对民用铜器禁止很严格。《宋会要辑稿》曾记载，太平兴国二年（977），北宋政府曾经一度要求除寺观原先就有的道佛像、钟磬、轮、铎等用品及百姓常用的铜镜外，民间所用的铜器要上交，"悉数交官"者有奖，隐藏不交者，按律惩罚。这样，民间的许多铜制器皿不得不以其他器皿代替。瓷器洁净美观，不易腐蚀，价格又比铜器低廉，在饮食、文化等很大的范围内都可以代替铜。当时的瓷器不仅有碗盘盏碟等餐具，汤瓶（憋盏）等茶具，注碗杯盅等酒具，还有大型盘洗等卫生器皿及瓶罐壶尊等陈列品。

宋代对海外贸易极为重视，把对外贸易的税收作为一项重要的政府收入。当时丝绸、瓷器是我国重要的出口物资。南宋时期由于海外贸易迅速发展，钱币外流严重，造成国内钱荒。嘉定十二年（1219），宋政府为防止钱币外流，规定凡外货不用金银铜钱，而是用绢帛、锦绮、瓷器、漆等货物相交换。这项措施，大大激发了陶瓷的外销，从而推动了陶瓷业的发展。宋之后沿海地区大量瓷窑的出现也正是因为这个原因。

宋代瓷业兴盛发展总的特点在于形成了多种瓷窑体系。根据各瓷窑产品工艺、釉色、造型与装饰的异同，大致能分为北方地区的定窑系、耀州窑系、钧窑系、磁州窑系，以及南方地区的龙泉青瓷系、景德镇的青白瓷系六个体系。多种瓷窑系的形成，主要是当时瓷业市场竞争的结果。激烈的市场竞争，促使宋代制瓷工艺进行了很多革新与创造。一方面是努力提高产量，降低成本，如宋代磁窑普遍应用"火照"检查烧制过程中窑炉的温度与气氛，以保证尽可能高的成品率。北宋中期由定窑创始的覆烧工艺，用一种垫圈组合匣钵，可以一次性装烧多件碗类瓷器，能够充分利用窑炉空间，扩大生产批量以降低成本。瓷窑结构也在不断革新。如北宋的龙泉窑，采用龙山窑，依山建筑，窑腔庞大，一窑可以放置墩170多排，每排容1300多件，估计一次可烧20000~25000件。窑的中部呈弧形，可以降低火焰流速，火势从前向后移去，窑温可以全部被利用，成品釉色一致，老嫩差异很小。北方烧瓷由烧柴的直火窑改进为烧炭的倒火焰式窑，也大大提高了产品质量。各瓷窑的激烈竞争，往往导致新的名瓷名窑的产生。一种瓷器在市场上受欢迎，相邻瓷窑便相继仿制，进而瓷窑增加，瓷场扩大，形成瓷窑体系。

宋代瓷业的巨大成就突出地表现在：青瓷的烧造工艺提高很快，青釉色泽葱翠莹澈，表明烧成技术中使用还原焰的技术已达到相当高的水平；瓷器的装饰技法上有了显著的进展，除了传统的划花、刻花、印花工艺外，又创造了毛笔加绘的新方法。此外，还有黑釉装饰，影青与釉上加绘等。

令后代陶瓷学家及鉴赏家、收藏家赞叹不已的是宋代瓷器在美学及艺术欣赏上开创的新的境界。钧窑以海棠红、玫瑰紫等变化多端的窑变色釉著称；汝窑瓷品汁水莹润，富有质感；景德镇青白瓷色质如玉；哥窑有意制作的满布断纹富有缺陷美；建窑与吉州窑的黑瓷上有油滴、兔毫、鹧鸪斑等美丽的结晶釉和乳浊釉；定瓷的印花图案工整严谨；耀瓷的刻花犀利潇洒。宋瓷在艺术成就上远远超过了唐及五代。宋瓷不仅重视釉色之美，更追求釉的质地。钧瓷、哥瓷、龙泉，以及黑瓷的油滴、兔毫等都不是透明玻璃釉，而是乳浊釉和结晶釉。北宋的汝瓷和龙泉窑青瓷虽用玻璃釉，但这时的玻璃釉也已由稀淡的石灰釉改进为黏稠的石灰碱釉，经过多次施釉后，利用釉中微小气泡所造成的折光散射，形成凝重深沉的质感。

10世纪初，我国北方的契丹、女真两个部落逐渐强大。契丹建立辽国后，与北宋交往频繁，其文化深受中原地区的影响。它立国之前以游牧、渔猎为业，瓷业没有基础。建国后其手工业主要由契丹贵族直接控制，他们掠夺大批汉人和工匠，从事奴役性劳动。辽的瓷业主要是由被劫掠而来的汉族烧瓷工匠从事的，烧瓷品系、工艺与华北地区白瓷系统的各民窑是一致的。辽瓷某些器皿造型特异，以富有游牧民族特色的皮囊壶（因形如鸡冠又称为"鸡冠壶"）、鸡腿瓶的造型闻名于世，受到后代收藏者的珍爱。

女真统治者灭辽，侵宋，建立金王朝，形成与南宋对峙的局面。它继承了辽和宋北方的瓷业根基，也取得了一定的成就。金人南侵，造成了北方熟练窑工逃亡南迁和北方瓷业的衰落。虽入金不久后不少窑场恢复烧造，但产品已失去了原有的光彩。

南宋偏安江南，立足于水乡、海隅，交通发达，政府为扩大税收以发展海外贸易为国策。陶瓷为我国独有商品，海外市场很大，景德镇的青白瓷与龙泉窑青瓷大量输出海外。北方窑工南迁，带来北方的新工艺，南方青瓷白瓷工艺水平得以继续发展和提高。

（二）宋代的名窑与名瓷

1. 定窑及汝、官窑

北宋建国，定都汴京（今开封），这使河北、河南的经济地位日趋重要。瓷业生产以定窑最为突出。定窑址在今河北省曲阳县涧磁村及东、西燕川村一带。它是唐代邢窑的继承者，形成了独创的工艺制作技术，烧制的白瓷独具风格。

白瓷是定窑烧造的主要产品，特别是北宋时期，定窑以大量制作刻

宋代定窑孩儿枕
定窑原为民窑，北宋中后期开始烧造宫廷用瓷。

辽代定窑白釉瓷壶

花、印花白瓷著称，开了我国日用白瓷装饰的先河。宋代的定窑白瓷颜色上略带牙黄，主要是使用了氧化焰烧成技术，釉薄而透明，印花容易透露，连胎色也显现在外，被后人认为是上品。金代的白瓷白里透黄，但釉面不及宋代光润。宋代定窑白瓷主要采用刻花、划花、印花等装饰方法，影响极广，后为南北各窑所采用。定窑的刻花吸取了唐越窑的浮雕技法，又以刻花结合篦状工具划刻复线纹的方法装饰图案，增加纹饰的立体感。印花是采用黏土制成模型，雕刻出细致的花纹图案，经素烧制成印模，印制瓷器，使其具有一定的纹样。北宋时工匠采用缂丝图案作印花纹饰，把它巧妙地移植到瓷器上，达到了良好的艺术效果。印花工艺能够大大提高生产效率和经济效益。宋代定窑的成就还表现在烧造工艺的创新上。为了大量生产，创造了覆烧的方法，就是把盘碟之类的器皿反扣装入支圈式匣钵内烧成。在使用覆烧法以前，定窑使用匣钵，即一件匣钵装烧一件瓷器；采用覆烧法，使用支圈组合的匣钵，支圈是用瓷坯原料制成的，制品与支圈收缩一致，圈上有一向上坡度，制品覆盖在上面，与匣钵接触面积大，重心稳，可防止水平变形，减少塌底和落渣，同时可以最大限度地利用窑位空间，节省燃料。这一方法在南方、北方窑场得到了普遍推广。它的不足就是为防止瓷器和支圈黏结，瓷器的口沿不上釉，形成了"芒口"。一般用 2~4 毫米宽的铜、银或黄金镶在边沿，既弥补了不足，又增加了装饰效果。

通过对历代定窑白瓷样品的分析发现，五代以前定窑是采用还原焰烧制的，而宋代则采用北方式的馒头窑，以煤作燃料，用氧化焰 1300℃ 左右烧制的。金代定窑白瓷室成温度显著偏低，烧造技术已有退步。

北宋定窑白瓷胎质细腻，强度高，釉莹润素雅，纹样细致，从烧造技术及艺术装饰上都堪称最佳，为宋代五大名窑之一。

定窑除烧造白瓷驰名外，还兼烧黑釉、酱釉和绿釉器。

汝窑、官窑与哥窑、钧窑、定窑并称"宋代五大名窑"。北宋晚期大观年间，宋徽宗命汝州建青器窑，制作贡品。官窑在古代文献中有北宋开封官窑及南宋杭州官窑之说。据史学家考察，北宋开封官窑不太可能存在，而汝窑为北宋官窑，出品称作"官窑的汝器"。汝窑在青釉方面，铁还原技术已至完善阶段，形成独特的风格。相传内用玛瑙末为釉。由于官窑未发现窑址，传世的瓷器稀少而珍贵，现在还是陶瓷考古界的一个谜。

2. 耀州窑

北宋时期，耀州窑以烧造青釉为主，酱色釉瓷、黑釉褐斑瓷及白釉绿彩等数量很少。瓷品中日用器皿占主导地位的是民间瓷窑。耀州瓷装饰题材来源于生活，具有强烈的生活气息。装饰技法多种多样，有刻花、剔花、镂孔和印花。耀州瓷的纹样和图案简朴壮美，充分表现了古代耀州陶工的艺术创造才能。

耀州窑在烧造工艺方面，比唐代进了一大步。唐代碗叠烧，碗里垫三角饼；宋代单件烧，每个匣钵内放碗坯一个，底有垫饼，并采用了两次烧成的方法。通过对耀州窑出土遗物的分析研究发现，当时用煤烧还原焰的技术已得到很好的控制，说明当时的烧瓷技术已达到相当高的水平。

3. 磁州窑

宋磁州窑在烧造白瓷、青瓷方面都很有成就。杰出而有特色的瓷品有白釉釉下黑彩划花、白釉釉下酱彩划花、珍珠地划花、绿釉釉下黑彩、白釉红绿彩、低温铅釉三彩等12种之多。

白釉釉下黑彩是磁州瓷器的主要装饰方法。白釉釉下黑彩划花瓷器是高档瓷品，它选用优质原料制作，工艺过程是在成型的坯上先敷上一层洁白的化妆土，然后用细黑料绘画纹样，再用尖状工具在黑色纹样上勾画轮廓

磁州窑

磁州窑址在今河北省邯郸市磁县，磁县在宋代叫"磁州"，故名为"磁州窑"。磁州窑是中国古代北方最大的民窑体系，有"南有景德，北有彭城"之说。

线和花瓣叶筋，划掉黑彩，露出白色化妆土，施一层薄而透明的玻璃釉，入窑烧制。黑白两色形成强烈对比，后人皆称"白地黑花，尤属特品"。同时也有白地赭花、黑地白花，有的却在黑色的纹上罩以绿釉，有的在深绿色的底子上绘有浅绿色的花朵，有的在赭色或茶色的底子上凸起类似沥粉的白色条纹，图案雅致隽永。珍珠地的做法，就是在刻画的花纹以外，满满地密布着细小的圆圈，花枝盘绕，珠光绵连。这种仿钻银的做法，有一种温和静谧之美。这些赭色、茶色、绿色的彩绘，都是在小窑中用低温复烧而成的。磁州民窑是由唐三彩、贴花、剔花发展而成的。

磁州窑瓷器装饰以黑白色彩对比为主要特色，以铁锈花装饰最为突出，创造性地使用中国绘画的技法，巧妙地将图案绘制在瓷器上，显现出白地黑花和黑地褐彩，称为"白地铁锈花"和"黑地铁锈花"，开创了我国瓷器彩绘的新途径，为宋以后的青花、五彩瓷绘奠定了基础。不仅领导当时北方民窑造瓷艺术的主流，而且能与当时宋廷烧造的官窑瓷器相媲美。

4. 钧窑

钧窑是北宋以后继汝窑兴起的北方最著名的瓷窑，窑址在今河南省禹县城北门内的钧台与八卦洞附近，是宋代烧造宫廷用器的瓷窑。河南巩义市、禹县一带，自唐以后已出现铝土矿、煤矿和铜矿开采，铜的冶炼技术已有高度成就。这是古钧窑在北宋得以发展的重要条件。钧窑制作已突破了纯色釉的范围，发展成为五彩的多色釉。

钧窑属北方青瓷系统，它的特色在于它使用的是一种蓝色乳光釉，釉内含有少量的铜，所以烧出的釉色青中带红，有如蓝天中的晚霞。青色不同于一般青瓷，深浅不一，多近于蓝色。北宋晚期钧窑还首创用铜的氧化物作为着色剂，在还原气氛下烧制成功铜红釉，为我国陶瓷工艺及艺术欣赏开辟了新的境界。铜红釉的呈色对着色剂的加入量、基础釉的化学组成以及温度和气氛等因素都十分敏感，条件稍稍偏离规定要求，就得不到正常的红色。宋代钧窑首先创造性地烧造成铜红釉，这是一个了不起的成就。

钧窑的瓷窑形状分圆形、马蹄形和长方形三种。窑室呈横长方形，北部有并列的双乳状火膛，其东火膛仅留有圆形气孔，直径为22厘米，西火膛留有窑门，上边有方形烟囱。这种窑的结构在烧造过程中有助于利用氧化焰转化还原焰烧造复杂的钧窑窑变釉。其实，窑变彩在宋以前就有，但皆属偶然，不可常得。到了钧窑，已变成了人为的专工，陶工已完全掌握了这一烧造过程的技巧。

5. 龙泉窑

龙泉窑在今浙江省西南隅，与福建省交界。五代和北宋初期，在余姚曾形成了以烧制"秘色瓷"而闻名的越窑体系，同时还有以烧造青瓷为主的婺窑和瓯窑。

北宋初期，龙泉窑在龙泉市境内兴起，在这三窑的基础上继续向前发展。北宋灭亡后，南宋偏安富庶的江南，有一段短暂的"国泰民安"时期。龙泉窑在这一时期迅速发展，在生产规模、工艺技术上都取得了卓越的成就，是中国陶瓷史上仅次于景德镇的历史名窑。

龙泉窑

龙泉窑因其主要产区在浙江省龙泉市而得名，是宋代著名的瓷窑之一。龙泉窑中尤以"粉青"和"梅子青"为世人所珍，代表龙泉窑系的主流。

南宋晚期是龙泉窑的极盛时期，生产青瓷的窑场比北宋成倍增多，以大窑和金村最为集中，主要产品有白胎瓷和黑胎青瓷两大类。器物造型更加丰富，其中鼎、炉、瓶类最为突出。多采用划花、刻花、篦花、印花、贴花、填白等方法。贴花就是先用胎泥印压成片状图案，再蘸泥浆贴在胎上，这部分多不施釉，烧成后呈紫红色，青釉红彩别有风味。填白是用毛笔蘸紫金土在已上釉的坯上较规则地点成瓜子大小的点子，烧成后呈赭色，极为有趣。此外，"开片""紫口铁足"也是龙泉窑常用的装饰手法。

南宋晚期龙泉窑青瓷釉配方发生了很大的变化，白胎青瓷釉中釉灰的用量大为减少，CaO（氧化钙）和助熔剂含量猛降，白胎青瓷釉已从北宋时的 CaO 釉演变成 $CaO—K_2O$（氧化钾）釉。这一时期青瓷釉的另一显著变化是，釉层厚度比以前大大增厚，釉层厚而不流，具有浑厚饱满的艺术美。由于烧成温度和气氛掌握得恰到好处，釉色幽美，成功地烧出了纯正的粉青和梅子青釉，可与碧玉、翡翠媲美。

龙泉瓷的成形主要有"钧"（即辘轳）和"模范"（即模型）两种方法。由于釉层特别厚，上釉技术难度很大，主要采用蘸釉法和荡釉法上釉，一般要上釉2~4次。为了使上釉时坯体不致破碎，生坯上釉前一般须预先素烧。据明嘉靖年间的陆容《菽园杂记》一书记载，宋时龙泉窑在烧成结束时要"以泥封闭火门，俟火气绝而后启"。封火门的目的可能在于防止二次氧化，使青瓷的色调不致闪黄。宋时采用"火照"来测定产品的止火温度。"火照"采用和产品一样的胎和釉制成，在烧成后期用工具把火照从窑中钩出，检验胎釉是否已达到正烧，并以此来决定是否要继续再烧或熄火。

南宋龙泉窑盛极一时，是以章氏兄弟成功烧造而闻名的，特别是章生一的所谓"哥窑"，制品古雅，制工精巧，釉层作碎裂纹，被视为

章生一
章生一是哥窑的创始人。他所制之器名哥窑，产品以青瓷为主，当时就行销全国。

稀世之珍，列为宋代五大名窑之一。而世称章生二的"弟窑少纹片，紫口铁足，以无纹者为贵"。弟窑瓷品多为白胎青釉，釉色有梅子青、月白、翠绿、粉青、褐黄，比哥窑丰富、纯正，而且釉厚，有玉的感觉。

6. 建窑和吉窑

与龙泉窑同时发展起来的瓷窑，在南方还有吉州窑、建窑及景德镇窑。福建地区在南宋时期最为突出的是黑釉瓷。

黑釉瓷的流行是与当时"斗茶"的风尚紧密相连的。宋代的茶叶是制成半发的膏饼，饮用前先把膏饼碾成细末放在茶碗内，再沏以初沸的开水，水面便沸起一层白色的沫。宋时的茶盏有黑釉、酱釉、青釉、青白釉、白釉五种，但以黑釉茶盏便于衬托白色茶沫、观察茶色而受到斗茶者的垂爱。正由于这种特殊需要，黑釉得到了极大的发展。

建窑是宋代新兴的黑瓷窑之一，在福建省建瓯之吉水镇，是众多民间瓷窑中的一个。建窑黑茶器还风行国外。在日本把施有黑釉的瓷器称为"天目"。现代统称施黑釉的陶瓷为"天目"。

在建窑的天目釉中，以曜变天目、油滴和兔毫最为著名。天目釉属于铁系的结晶釉，烧成后浑厚凝重，黑里泛青。"曜变天目"式样美观，釉彩奇特，在墨黑的底色上散布着深蓝色的黑点，围绕这些点还有红、天蓝、绿等色彩。由于其化学成分和烧成气氛难于掌握，被日本视为"神技"。油滴天目的特点，就是在黑釉的釉面上布满了许多银灰色的亮晶点，像平静的水面上洒下了油点，别有风味。油滴的烧成温度要恰到好处，温度低了，点子出不来；温度高了，点子又会散开或流成"兔毫"。显然，兔毫的烧成温度高于油滴，形成油滴的铁结晶釉都向下流动，由于流速的不同，而在黑釉中透出美丽的褐黄、蓝绿、淡棕或铁锈色的毫毛状筋脉和流纹，其状如兔毫。建窑和吉州窑所产油滴和兔毫最为著名。

江西吉州窑也是南宋较大的窑场之一，釉色有青釉、绿釉、黑釉、白釉等，其中油滴、兔毫、玳瑁、鹧鸪斑及木叶、剪纸等釉色最为著名。吉州窑瓷讲究装饰，采用剪纸贴花、彩绘剔花、洒釉印花等制法，使产品具有很高的欣赏价值。此外，还烧造白地黑花及黑地白花的品种。

　　吉州窑的黑釉制作，在掌握氧化亚铁的结晶和硅酸盐的釉药变化以及火候、温度、冷却时间等方面，远远超过了建窑的烧造技术。

7. 景德镇窑

　　景德镇在宋以前称为"新平"，北宋赵恒（真宗）景德年间（1004—1007）得名"景德"。它位于昌江南岸，这里有丰厚优质的高岭瓷土，又有南山的柴薪资源，以及昌江及其支流的便利运输条件。两宋是景德镇崛起和兴盛发展的时期。这时景德镇的制瓷业是官监民烧，属于民营手工业。两宋时期景德镇最为著名的瓷品为青白瓷，后人称之为"影青瓷"。影青瓷的釉面呈青白色调，比定窑乳白釉要青绿一些，比龙泉窑的梅子青、粉青又要白一些，釉层薄。

景德镇窑
景德镇窑为我国传统窑炉中独具风格的窑，是中国传统窑炉之一，景德镇窑系属于宋代六大窑系之一。

　　蒋祈的《陶记》据考察写于南宋嘉定七年至端平元年（1214—1234）。它较为翔实地记述了景德镇瓷器的生产情况，是我国历史上第一篇谈论瓷器生产的专文。它记叙了景德镇制瓷用原料的产地，胎釉的制备、成型、装饰、装坯、焙烧乃至制釉原料，为研究陶瓷工艺发展史及科技史提供了丰富的史料。从文中我们可以得知，当时的原料处理、原料生产已不是季节性生产，而且采掘与原料加工已有明确分工。对制瓷工艺的详细记述，说明当时作坊内部分工非常精细，而且瓷业内部已分出了"烧""作"两个相互独立而又相互依赖的行业。

近年陶瓷考古发现，宋早期的景德镇窑采用湿泥定型，装烧时普遍使用匣钵与小于器物圈足的高垫饼装坯入窑的仰烧法，对烧还原焰掌握不够好，釉色白呈略带青灰或淡黄。北宋末到南宋初这一时期，由于景德镇瓷原料可塑性弱，普遍应用旋坯成型，形成了以拉坯为辅、旋坯为主的成型特点。装造时使用多级垫钵，在匣钵内覆烧，增加了碗碟的装置密度。这一时期最突出的成就是工人在焙烧过程中娴熟地掌握了强还原焰。还原焰不仅使器物色泽达到白里泛青温润如玉的艺术效果，而且使器胎致密，透光度更好。釉色已由灰青或淡黄变成青绿色。瓷品釉层形成了典型的青白色，装饰以刻花为主。宋晚期时受定窑影响，风行覆烧，采用定窑发明的垫圈组合式窑具装烧芒口碗盘，增加装置密度，节约燃料，防止瓷品变形。但该窑具为生坯做成，只能使用一次，烧时窑室内水分增多，不易排除，影响升温，易给釉面造成阴黄等毛病。由于风行覆烧，多采用印花装饰。

景德镇窑从宋朝中期开始，工艺操作不断完善，生产规模扩大，到南宋后期几乎是我国最大的窑场，而且从宋朝中期就开始逐渐脱离农业而独立，出现分工细致复杂的协作。宋时景德镇的青白瓷从致密度、透光度、烧制工艺和成本等方面，都比定窑、龙泉窑要好。景德镇由于有适宜的原料，青白瓷胎白度和透明度高，已接近现代细瓷的水平。瓷器由半透明釉发展到半透明胎，是中国瓷器发展过程中的第三次飞跃，景德镇宋代青白瓷首先产生了这个飞跃。景德镇在宋以后逐渐发展成为我国的制瓷中心。

（三）辽、金的瓷窑

10世纪初，辽国建国，在我国北方统治达210年（916—1125）。北宋开国就首先遭受与它接壤的辽的侵略。1004年澶渊之盟后，宋辽之间有了约120年的和平关系。当时河北、河南陶瓷业发达，制瓷技术传给契丹工人，促进了辽瓷的发展。辽瓷受隋唐、五代汉文化的影响，同时又具有本民族特色。

辽白瓷钵
辽代陶瓷器制作基本承袭唐代陶瓷工艺，有些器形具有契丹族的民族特色。辽代的三彩陶器亦称"辽三彩"。

宋辽对峙时期，辽代的瓷窑有上京地区的林东辽上京窑、林东南山窑、林东白音戈勒窑、中京地区的赤峰缸瓦窑、东京地区的辽阳江官屯窑、南京地区的北京龙泉弟窑等。窑式取法于中原名窑，是圆形的虾蟆窑，燃料用煤，烧氧化焰，与北宋中原各窑相仿。

辽瓷中的高温细胎瓷器，多仿邢窑、定窑的白瓷，以光素为主，刻制印花较少，晚期受磁州窑影响，出现有黑花白瓷器，以黑口黑箍及草率的花纹为主。还有高温缸胎茶绿、黑赭杂色釉大型瓷器，以及低温釉陶器。这种低温釉陶器以单色的黄釉、绿釉、白釉器皿居多，三彩釉和二彩较少。

辽瓷的装饰可分为素胎装饰和釉色装饰两种，在素胎装饰上使用划花、印花、堆花技法，与北宋各窑相仿。釉色装饰有多种色釉施于一器，如三彩、两彩或单色釉加彩方法，还有用色釉描写器皿。

金朝迁都燕京以前，辽宁抚顺大官屯窑和江官屯窑出产的瓷品，多属于日用粗瓷，烧造时不用匣钵，器物用窑具支放在固定的方形垫砖上，烧造时火焰与器物直接接触。瓷品釉面多不纯净，易变形，生产水平较落后。1153年，金海陵王迁都。这一时期的制瓷业主要指关内广大地区。由于战乱和窑工南逃而停产的北方瓷窑相继恢复生产。金代中原地区在大定年间及以后发展的陶瓷窑有河北曲阳定窑、磁县观台窑及河南禹县钧窑、陕西铜川耀州窑等。

金代定窑是北宋定窑的直接延续。唯一不同的是金代定瓷除一部分产品继续采用宋代的"覆烧"工艺外，一部分产品采用砂圈叠烧法：器胎施釉入窑焙烧之前，在器物的内底（以碗盘为多）先刮去一圈釉面，使其露胎，然后将叠烧器物底足置于其上，避免器物之间的黏结。砂圈叠烧的器物多用瓷，无纹饰。

金代的钧窑、耀州窑虽恢复了生产，但陶瓷考古发现，二窑出品的瓷器技术水平都有所下降。金代磁州窑所产的黑釉白线纹器，是金代瓷器中最富特色的品种之一。该窑还烧造加彩器，就是先施白釉烧成白瓷，然后再在白瓷上施加红绿诸彩，入低温窑"彩烧"。这种釉上彩器，又被称为"宋加彩"。

（四）瓷器贸易

北宋时期，商品经济有了巨大的发展。瓷器在宋之前就已成为普通的日用器皿，入宋后产品质量又有了很大的提高，不仅国人喜欢，而且深受西北各地游牧民族的爱好而出现在边境市场上。景德镇的影青瓷在国内外市场上尤为畅销。南宋时期迁都临安（杭州）。杭州既有运河相通，又外接大海，各地商贸往来不绝，商业十分发达，各地瓷品交流频繁。

陶瓷器一直是我国对外贸易的名品。两宋时期，由于辽、西夏、金

阳关遗址

阳关遗址位于甘肃省敦煌市南湖乡南工村，俗名"古董滩"。

相继崛起，传统的西出阳关、玉门关的丝绸之路已不再畅通，与西域各国商路中断，这就迫使宋政府重视海路贸易。北宋初年就在东南沿海设立对外贸易机构。南宋统治地区锐减，又立国东南，更加采取奖励对外贸易的政策，使海外贸易更加兴盛。在输出商品中，以瓷器、丝织品、茶叶等传统商品为大宗。后人曾把海上交通线路称为"陶瓷之路"。赵汝适在任福建路市舶提举时所撰的《诸蕃志》，记载了我国与三十多个国家和地区有陶瓷贸易。

瓷器是我国人民的独特发明，也是对世界文明的伟大贡献，自唐宋以来大量输往世界各地，深受各国人民的喜爱，深入到人民的生活、文化、建筑、宗教等各个领域。许多国家的人民是通过瓷器认识中国的，如英语"中国"（China）就与"瓷器"（China）同音。瓷器成为活跃中外贸易、经济和文化事业的特殊使者。

六 / 天文学成就

（一）天文观测

宋朝廷极为重视天象观测。宋代就进行过五次大规模的恒星观测。大中祥符三年（1010），韩显符对外官星位置进行观测，他以斗宿代替冬至点，用冬至点作起量点，测量出外官星与冬至点之间的赤经差，这种赤经差与现代的概念本质上是一致的，只是起量点不同，现代由春分点量起。这与传统的以二十八宿距星为标准，测量天体与二十八宿距星的赤经差是不同的。

景祐元年（1034），宋仁宗下令编撰《景祐乾象新书》，进行过周天星座的测量。在《宋史·天文志》中留有当年所测二十八宿距星的位置，可惜的是星表已失。

皇祐年间（1049—1053）周琮等人用黄道铜仪进行的周天星官的

测量，是宋代最值得称道的一次。在北宋王安礼重修北周天文学家庾季才所著《灵台秘苑》和《宋史·律历志》中有记载，其中有 345 个星官的恒星的入宿度和去极度，是现存明代以前星数最多的星表。

有趣的是，元丰年间（1078—1085）的观测结果载入了《元史》，这一阶段的测量还体现在苏颂《新仪象法要》的星图及苏州石刻天文图二十八宿距的划分上。

崇宁年间（1102—1106）姚舜辅进行的测量，应用于他编写的《纪元历》中，进一步提高了准确性，在测量中成就最高。

这数次大规模的天文观测结果都反映在星图、星表上，体现了我国宋代天文学的发展水平。

星图表示的是恒星的分布和排列图形，为了表示恒星的位置，又划有一些标志性的线圈，如黄赤道、恒星圈之类，类似于地图上的经纬线。

宋代的星图已由隋代的横图发展到半球式星图。它首先见于苏颂的《新仪象法要》，这是将天球沿赤道分成南北两半球，以极投影的方式分别绘出南北两半球的星象。由于中国地处北半球，南极附近一部分星空永不升起，所以北半球的观测者看不到，故这幅南半球星图在南极附近恒隐图内一片空白，这种处理方法在我国星图史上也是首见。

北宋时已出现多种星图形式，但古老的盖图式全天星图还在流传。南宋时的苏州石刻天文图，是世界古星图中的珍品。它采用盖图式样，上有黄赤道、内外规和银河，又有二十八宿的分界经线，外围还刻有周天度和分野及二十八宿距离，有星 1400 余颗。图中外圆是南天星可见的界线，包括赤道以南约 55 度以内的恒星；中圆是天赤道，直径为52.5 厘米；永不下落的常见星用直径为 19.9 厘米的小圆界分开，黄道与赤道斜交，交角约 24 度，并按二十八宿距星之间的距离（赤经差）

从天极引出宽窄不等的经线，每条经线的断点处注有二十八星宿的宿度。在外边还有两个比较接近的圆圈，圈内交叉刻写着十二次、十二辰及州国分野各十二个名称。星图记载了我国北宋许多人辛勤观测的劳动成果，在一定程度上反映了当时天文学的发展水平，对于研究古代星官、论证现代恒星提供了宝贵的史料。石刻天文图的石碑总高8尺，宽3尺5寸，上为天文图，下为说明文字。根据星象位置和所载数据可判断此图采用了北宋元丰年间（1078—1085）全天恒星观测数据，1190年由黄裳绘制，1247年由王致远主持刻在石碑上。最新报道，在张家口宣化区下八里村大型辽代壁画墓群中发现在各墓群顶部有彩绘星象图，一种是受西方古巴比伦黄道十二宫的影响，融中国三恒二十八宿为一体的中西合璧的彩色星图；另一种把中国古代十二辰象加在上述星图外周；还有一种只用中国太阳太阴二十八宿。这对研究辽代天文历象如何借鉴西方成果提供了宝贵的资料。

星图是星空的形象表示，星表则是星官的数值表示。我国古代的第一份星表是战国时代石申的《石氏星表》，而第二份全天星表则是基于宋代皇祐年间的观测，其资料保存在《灵台秘苑》和《文献通考·象纬考》之中，有星360颗，能与现代星名证认的有345颗。据考察，这份星表的精度大约半度，测定年代约为1052年。

此外，宋代还有关于超新星观测的记载。《宋会要》记载，至和元年（1054）五月，有星"晨出东方，守天关，昼见如太白，芒角四射，色赤白，凡见二十三日"。据考察研究这是一颗爆发的超新星。这是宋代天文观测的突出成就。

（二）历法的变迁与发展

所谓"历法"，简单说就是根据天象变化的自然规律，来计量较长的时间间隔，判断气候变化、预示季节来临的法则，内容包括每月日数的分配，一年中闰月、闰日以及节气等项内容的安排，等等。

宋辽金夏时期是我国历法史上最重要的一个时期，为了计算各天体在固定周期内的非均匀运动，发展了二次和三次内插法等数学方法。它们以第一期的均匀运动为基础，再考虑各种非均匀运动的改正，用逐步逼近的方法力求符合天象，构成了中国历法计算的主体。宋从公元960年立国到1278年南宋灭亡，先后有20多部历法。北宋就创制了12种历法，颁行的有9家。如王朴的《钦天历》（956—963）、王处讷的《应天历》（964—982）、吴昭素的《乾元历》（983—1000）、王睿的《至道历》（未用）、史序的《仪天历》（1001—1023）、张奎的《乾兴历》（未用）、宋行古的《崇天历》（1024—1064，1068—1074）、周琮的《明天历》（1065—1067）、卫朴的《奉元历》（1075—1093）、姚舜辅的《占天历》（1103—1105）和《纪元历》（1106—1127，1133—1135）。南宋的天文学家创制了11种历法，有陈德一的《统元历》（1136—1167）、刘孝荣的《乾道历》（1168—1176）和《淳熙历》（1177—1190）、石万的《五星再聚历》（未用）、刘孝荣的《会元历》（1191—1198）、杨忠辅的《统天历》（1199—1207）、鲍瀚之的《开禧历》（1208—1251）、李德卿的《淳祐历》（1252）、谭玉的《会天历》（1253—1270）、陈鼎的《成天历》（1271—1276）。

北宋时，沈括在晚年还曾提出《十二气历》，建议废除以十二个或十三个朔望月为一年的传统历法，提出以十二气为一年，以立春为一年之始，大气31日，小气30日。把月相的变化以朔望等注于历中。后来太平天国采用的历法，基本与《十二气历》相同；现在普遍采用的公历也是与《十二气历》基本一致的阳历，在月份规定上还不及《十二气历》科学。

北宋颁行的历法中，以姚舜辅的《纪元历》成就最高。它创立了观测金星定太阳位置的方法，从而提高了观测太阳运行的精确性。《纪元历》中的许多公式也更为简便、精密。南宋的各家历法，杨忠辅的《统天历》所定回归年长度为365.2425日，与欧洲380多年后颁布的格里高利历完全一致。杨忠辅提出回归年长度不断变化，古大今小，是天文学史上的一个重要发现。有关这一点的近代理论600多年后才提出来。

西夏政权有时使用宋历，有时也使用自创的西夏历法。由大英博物馆收藏的西夏历书残页可知，西夏历书以西夏文和汉文书写，有月份、星宿、节气、干支，时间为1047年，是迄今为止最早的西夏文历法文献。西夏历法明显受中原天文学的影响，也是分二十八星宿，这在辽宣化张世卿墓壁画的星图中可以看出。

辽代的历法最初使用后晋马重绩的《调元历》。公元994年，贾俊修撰《大明历》，可惜现已失传。金代创制历书，有杨级于1127年创《大明历》，赵知微于1137年重修《大明历》，耶律履的《乙未历》，等等。《重修大明历》在月球运动周期方面有较高的精确性，它的黄赤交角与现代理论计算的数值十分接近。

（三）宋代的天文仪器

1. 浑仪、浑象及水运仪象台

浑仪是我国古代天文学家用来测量天体坐标和两天体间角距离的主要仪器，它以浑天说为理论基础，历代都有制造。宋代的浑仪主要铸造于北宋，大型的就有五架，每架用铜10000千克以上，可见规模之大。宋代浑仪注意精度方面的改良，如窥管孔径的缩小，可降低人目移动造成的误差，调正仪器安装水平和极轴的准确性，降低系统误差，又发明转仪钟装置和活动屋顶，成为中国天文仪器史上的两项重要发明。

浑仪到了宋代已是环圈层层环抱的重器，它在天文测量和编历中起到了重大作用，但也渐渐显露出了多环的弊病：安装、调正不易，遮蔽天空渐多，使许多天区成为死区，不能观测。因此，宋代之后开始酝酿浑仪的重大改革。沈括提出取消白道环，这是浑仪发展史上的一个转折点。取消白道环代之以用计算的方法确定月亮的位置，改变浑仪中的黄道环、赤道环的位置，使它们不遮挡视线。沈括的工作，为浑仪的发展开辟了新的途径，为元代郭守敬简仪的出现奠定了基础。

浑象是我国古代创造的表示天体运动的天文仪器，它表演天象的变化，也称"浑天象"或"浑天仪"，甚至还与观测用的浑仪混称"浑仪"。

浑象是把太阳、月亮、二十八星宿等天体以及赤道和黄道都绘制在一个圆球面上。它能使人不受时间的限制，随时了解当时的天象。白天可以看到当时天空中看不到的星星和月亮，而且位置不差；阴天和夜晚也能看到太阳所在的位置。用它能表演太阳、月亮以及其他星象东升和西落的时刻、方位，还能形象地说明夏天白天长、冬天黑夜长的道理等。它不仅填补了观测的空白，而且能够帮助人们直观、形象地理解日月星辰运动的规律。

北宋太平兴国四年（979），民间天文学家张思训汲取汉、唐"水运浑天"的精华，制造了大型的"水运浑天"，高一丈有余，如同一座小楼房。新仪器进一步完善了其报时设备，它有铃、钟、鼓三种报时信号，设有 12 个木人手持时辰牌，循环出来摇铃、击鼓、打钟报告时刻。另外，水运浑象的运行是由漏壶中流出的水带动的。不同温度下，水的黏滞性不同，会对浑象的运行速度产生影响。张思训进一步提出解决这一问题的方法，用水银代替水推动浑象运转。在他的浑象中，月亮、太阳的运转均由机械带动，基本能自如地如实演示太阳和月亮的运动规律。另外，这台浑象中的太阳与以前的浑象不同，是沿着黄道自然运行的，这样，根据太阳在黄道上的位置也就可以知道当时所处的节气了。

将"水运浑天"的制造水平推向高峰的是宋代的苏颂和韩公廉。他们于元祐七年（1092）制成了中国古代最雄伟、最复杂的"水运浑天"——水运仪象台。苏颂还专门著书立说，写了《新仪象法要》来介绍这座水运仪象台的具体情况。这台仪器包括有浑仪、浑象、报时

苏颂

苏颂是北宋中期宰相，杰出的天文学家、天文机械制造家、药物学家。李约瑟称其为"中国古代和中世纪最伟大的博物学家和科学家之一"。

三部分。最上层设置浑仪，且有可以开闭的屋顶，这已具有现代天文台的雏形。中层是浑象，下层是报时系统。这三部分用一套传动装置和一个机轮连接起来，用漏壶水冲动机轮，从而使浑仪、浑象、报时装置一起转动起来。它的报时除了时刻外，还增加了昏、旦时刻和夜晚的更点等，达到了空前的水平，与实际天象基本相符。

据《新仪象法要》记述，在

水运仪象台

水运仪象台以漏刻水力驱动，是集天文观测、天文演示和报时系统为一体的大型自动化天文仪器，其被誉为"世界上最早的天文钟"。

水运仪象台的浑象部分还有三只圆环套在浑象体的外面，构成"浑象六合仪"。位于水运仪象台下部的报时系统内容齐全，分为五部分，放在五层木阁中。第一层木阁中用声响报时，与其相应，在第二、三层木阁中用报时牌显示当时的时刻。木阁的第四、五层是专门用来报告夜间时刻的。可见，这台水运仪象台的报时系统更为丰富，更为实用。

在水运仪象台中特别值得一提的是天衡，它是报时装置中控制运转的关键部件，是后代钟表中擒纵器的雏形。天衡实际上是由流入水壶中的水量来控制动作的，通过其天关、格叉的每一次动作对枢轮的作用，使枢轮不能转动或让枢轮转过一只受水壶，这样泄水壶中流出的连续均匀的水流流动就会转换成枢轮的等间距间歇转动。这与现代钟表中擒纵装置的原理和作用极为相似。天衡的结构复杂，设计巧妙，考虑周全，是我国的一大发明。李约瑟说，这使我们看到了从漏水计时到现代化机械钟表发展过程中达到关键一环。从中也可以看到，我国最早的机械计时器是同天文仪器结合在一起而发展的。

苏颂、韩公廉等人在完成了"水运仪象台"之后，还制造了一架一人多高的浑天象，采用了人钻入圆球中观察的方式。他们在球面上相应于天空星象的位置凿有小孔，人在里面可以看到点点光亮，犹如天上的星星一样。天球用水力机械带动旋转，形象逼真。这是近代天象仪的祖先，只是苏颂、韩公廉等人创造的浑天象光源设在外面而不是里面，表演内容比近代天象仪简单一些而已。

与以前的水运浑象相仿，位于水运仪象台中部浑象的主要部分——浑象球，是一只遍布星象的圆球。据《新仪象法要》载，浑象上所标示的恒星数目达 1464 个，相当可观。《新仪象法要》中还附有五张星图，绘出了浑象上所标示的那些恒星的相对位置。这些星图是我国古代流传下来的最古老的星图中的一套，在天文学史的研究中具有较重要的地位。据书中所述，浑象中太阳、月亮位置的移动不像张思训的浑仪中由机械带动，而是由人工移动来实现的。这看上去似乎是退步，但由于太阳、月亮的视运动都比较复杂，要用简单的机械运动来演示它相当困难，演示过程总会出现偏离，而采用人工移动的方法，可以很方便地使浑象上所演示的太阳与月亮的位置与实际情况相符，并使机械结构大为简化。浑象还用同样的方法演示了五颗大行星在恒星之间的位置变化情况。为了保证浑象所演示的内容与实际天象完全符合，还根据安放在水运仪象台上层的浑仪所作的天文观测来校验浑象的运行，"以不差为准"。这就使浑象的运行速度与天文测时紧密地结合在一起了。

根据《新仪象法要》的记述，推运这台水运仪象台运转的是一套相当于 3 只连用的泄水壶和 36 只轮流接受漏水的受水壶组成的漏壶。虽然没有采用恒定水位的措施，但由于仪象台运转中通过一套自动提水装置不断补充其中水量，还可以人工进行提水，使水位变化范围很小，这样从第三只泄水壶中引出的水流速度比较均匀，保证了水运仪象台的正常运行。这台水运仪象台还采用了用漏壶互相参校的方法，用了四种类型不同的漏壶：浮箭漏、稗漏、沉箭漏、不息漏，通过互相参校，与浑象、浑仪进行互相比对，从而无论阴晴都可保证仪象台的运转。

2. 漏刻计时及其他

漏刻是我国古代的计时仪器。漏，就是漏壶；刻，就是刻箭。刻漏也叫作"铜壶滴漏"，它不仅可以用来计时、守时，而且不受白天或夜晚、晴天或阴天的限制。

宋以前对于如何保持漏壶中水位稳定这一问题一直未能彻底解决。1030 年，宋代的燕肃迈出了关键性的一步。他抛弃了增加补偿漏壶这条老路，采用漫流式的平水壶解决了历史上长久未克服的水位稳定问题。他在制造莲花漏中首次使用了减水盏。他所造的"莲花漏"分上

········○ 刻漏

刻漏是中国古代科学家发明的计时器，漏是指带孔的壶，刻是指附有刻度的浮箭。刻漏有泄水型和受水型两种。

匦、下匦两个壶。下匦有两个孔，一孔在上，为分水孔；一孔在下，下孔漏水入箭壶，以浮箭读数，而下匦中的水面超过上面的分水孔时，水就会通过竹注筒流到减水盏中去。只要从上匦流出的水略多于下匦流出的水量，这样，下匦的水位就会永远稳定在上孔的位置上，起了平定水位的作用，可以保持下匦水面的稳定性。这个减水盏就是后来的分水壶。燕肃这一发明经过六年的实验验证，直到 1036 年才得到承认。平水壶的发明和使用，是漏壶发展史上的重大成就，表明我国古代已明确掌握"在出水口横断面面积不变的条件下，水位差恒定时，单位时间出水量相等"的科学原理。

　　燕肃的"莲花漏"，因其受水壶的壶盖上有金色的莲花饰物而得名。标有时刻记号的木箭放在莲花饰物的中心孔中，木箭将随着受水壶中水位的升高沿莲花花心处的孔壁缓缓上升，从而很方便地读出当时的时刻。这套漏壶木箭有 48 支，它们是根据一年中不同节气时昼夜长短变化而分别刻画的。据考察，用木箭读出的时刻能精确到现在的分钟数量级，可见这套漏壶计测时刻相当精细。

沈括在他的《浮漏仪》一文中，详细地介绍了他设计并制造的漫流式恒定水位漏壶。这套漏壶由两只泄壶和一只受水壶组成，它们分别被称为"求壶""复壶"和"建壶"。另外一只废壶用来收集漫流出来的水，相当于前文中的减水盎、分水壶。复壶的壶壁上，有用来泄水到建壶的出水口"玉权"和用来保持水位恒定的漫流孔"枝渠"。复壶被一个有孔的隔板分为受水和泄水两个部分，从求壶中流出的水注入其中的受水部分，再通过隔板的小孔流入泄水部分，并通过"玉权"注入建壶。隔板上的孔截面口径是求壶出水口的一半，又是"玉权"的两倍。这样进水量要多于出水量，水位上升到枝渠位置时水就漫流出来，注入废壶。复壶的结构相当于两只水位恒定的泄水壶结合在一起，使漏壶工作更为稳定。由于采用了有孔隔板，使求壶流出的水不会引起复壶中泄水部分水面的波动，对提高漏壶的计时精度是很有利的。对于夜间计时，它还有一套特殊的计时标度。沈括在《浮漏仪》中还对漏壶的制造、校准，玉权、木箭、箭舟的技术要求，漏壶的用水等等问题作了较为严格的规定，说明当时官方漏壶的使用已经有了比较严密的制度。《浮漏仪》是我国古代谈及漏壶情况的最详尽最完整的一篇文献。

南宋初年时孙逢吉所撰《铜壶漏箭制度》也曾讲到一套漏壶，构造与燕肃的基本相同。值得一提的是，它具有一种简单的音响报时装置。它的受水壶上分别有龙、虎、雀、龟的造像，在其木箭上相当于每个时辰标志的地方可能有一拨牙，到时候能拨动有关的机械结构，使朱雀塑像吐出一个珠子，击响铜盘而报告时间。这在历史上是极其罕见的。

另外，还有一种漏壶，是利用漏水的重量和体积计量时间的，称为"秤漏"。据说是南北朝时北魏道士李兰发明的。宋代王应麟所编撰的《玉海》一书中有关于一种大型秤漏的详细记述，可见它在宋代还在使用。它与漏壶的共同之处在于指示时间的结构。漏壶利用受水壶水位高度变化及水的浮力原理，而秤漏则利用受水壶中水的重量及杠杆平衡原理。

除此之外，古人用来计时的还有香篆及辊弹等。香篆实际上就是更香。虽然用它来计量时间精度很低，但由于它简单易行，在民间使用十分广泛。南宋学者薛季宣的文集《浪语集》中曾谈到辊弹漏刻的情况。它是将一根长七尺五寸的竹子中间打通，截成四段，"之"字形地连接在一起，贴在一面宽、高皆为二尺的屏风背后。竹管上端、下端都有一朵铜制莲花。备有十只重约半两的铜弹丸，每次将一只铜弹投入竹管上端的铜莲花中，铜弹沿竹管曲折而下，落入竹管下端的铜莲花中，从而发出碰击之声，随后再投入下一个，十个铜弹投完，翻转屏风上的牌子，并继续投入铜弹。如此反复。它主要根据牌子翻动的情况和铜弹投下的个数知道当时的时间。它适宜在运动状态中计时。它在南宋湖北的将官及金代章宗明昌年间（1190—1196）皇帝出巡时使用过。

七

地理学

（一）地理科学发展的特点

随着科学的发展，宋代地理学和地图学也有了突飞猛进的发展。图记、图志的格式逐渐向无图的纯文字记述的"方志"发展，并且出现了许多大部头的全国统一的"地志"。如乐史编的《太平寰宇记》200 卷、王存编的《元丰九域志》10 卷、欧阳忞编的《舆地广记》38 卷、王象之编的《舆地纪胜》200 卷、祝穆编的《方舆胜览》70 卷等。这些地志编撰格式基本趋于一致，其内容包括地理位置、面积、疆界、各种自然条件和天然财富；居民地、农业、手工业以及道路；还有职官、科举、人物、古迹、风俗等。宋代的地图学比唐代更为发达。从现有的著录资料和现存的宋代地图看，除历代必绘的全国图、外域图、边防图外，凡山川、水利、治河、交通、邮驿、城市、都会，莫不有图。这些图绘制的质底不仅是帛和纸，而且出现了以木为质底的地形模型图和以青石为质底的石刻平面图。

（二）地理学及地图学的发展成就

1. 全国总图

宋王朝视地图为维护王朝统治和奴役剥削人民的工具，不但地方按时造送地图，而且中央政府还专门派人到各地测绘或校正地图。

《淳化天下图》是北宋统一不久后编绘而成的第一幅规模巨大的全国总舆图。在没有绘制该图之前，宋王朝先令各州县绘制本地区地图，这些图一来可作为本地赋税、政令的考查和依据，二来呈送中央，作为中央政府绘制全国一统图的凭借。充分收罗了局部的和地方所贡的地图四百余幅之后，在太宗淳化四年（993）完成了《淳化天下图》的制作，据说用了百匹绢才制成图。

西安碑林有一幅《华夷图》，据推测是神宗王朝（1068—1085）时所作，也是一张全国总舆图。其上保留了一些唐代地名，而且根据国名、绘法以及图上的说明，都可证明是因袭唐代贾耽的《海内华夷图》制成的，可视为唐、宋两代地图学的混合体，但该图所包括的地区范围，已远较《海内华夷图》为小。

在苏州孔庙内保存着一幅较完整的石刻中国总舆图——《地理图》，其原稿是黄裳为光宗登基而向光宗皇帝所献，绘制时间在光宗登基（1190）之前。黄裳绘制《地理图》有明显的政治性，他画此图就是为了"披图则思祖宗境土半陷于异域而未归"，从而激发皇朝官员时刻不忘收复大宋北方领土、统一祖国的信念。这幅图中山脉用与近代地图相似的自然描景法，用符号表示山上的森林和长城。行政区名与山名套以方框，河名套以椭圆圈，巧妙地把直观的写景与抽象的平面符号相结合，把复杂内容在层次上加以区别，使得图内各要素多而不杂乱。这种各要素关系的处理方法以及符号的设计与现有宋代总舆图相比较还是少有的。

在宋代，除了前面所述的总图外，还有许多全国总图。如已失传的乐史的《掌上华夷图》、王曾修的《九域图》3卷、陆九韶的《州郡图》、不知作者的《混一图》1卷、《地理图》1卷，而被保留下来的地图有程安礼的《地理指掌图》与程大昌的《禹贡论图》。值得一提的还有一幅带有工艺性质的全国总图，即《殿御屏风华夷图》，它绘于孝宗皇帝御座后面的金漆大屏上，既美观又实用，宋孝宗皇帝遇事可随时查看。

2. 十八路图

宋初，全国置"道"，这时的道有两种：①仅为地理上的划分；②为转运司所辖之道。前者与行政无关，后者则纯为行政上的划分，行政上的道在宋初分为十三。至太平兴国四年（979）将"道"改为"道路"，并置二十一路。但直到至道三年（997）才真正把"路"作为行政区域，此后路数几经变化，基本上都是二十路以上。这种行政区划的变化，使后来绘制的全国政区图——《十道图》不再适应形势发展的要求。而宋代分十八路的时期较长，所以从天禧之后，出现了宋代比较有影响的新编全国行政图——《十八路图》。

最初绘制十八路图的是主管国家军事的最高长官枢密使晏殊。其后，赵彦若也绘制了《十八路图》1卷，另撰《图副》20卷，于熙宁六年（1073）完成。比较这两幅图，晏殊身为最高军事机关枢密省长官，其图以军事要素为主；赵彦若是国家最高行政机关中书省的秘书，其所绘之图，估计是一幅全国行政总图。《图副》20卷则是各路图。

另有一幅《十八路地势图》，是北宋文人吕南公考《禹贡》《春秋》，参考天禧《九域图》，"以书正图"①而绘成。

另外，宋代不仅有十八路军政总图，也有《十七路图》，这是由于路数多变而至。

3. 地形模型图

宋代的地图不仅手绘的多，地形模型图的制作也比较多，且形式多样。这种立体模型图，是按一定的比例尺和材料将实地地形堆制（或雕刻）而成的一种地图。这种地图比平面地图更能直观、形象、逼真地显示实地地形。比如沈括视察北方边镇时用木屑和面糊混在一起，制作了一幅北方边镇模型图。后来因天气变冷，木屑和面糊不可为，改为熔蜡代替。回京城后，又将蜡制模型图转到木头上。沈括的这幅地形模型图先后用了木屑、熔蜡、木头三种材料，最后以木雕定稿进呈皇帝。皇帝令各边镇效仿制作。

沈括的这幅木刻地形图不仅影响了各边镇地形模型图的制作，而且影响了宋代的一些学者。例如前面讲过的绘制《地理图》的黄裳，"作《舆地图》，以木为之"（王应麟《玉海》卷十四）。南宋著名学者朱熹也曾打算制作木图。

4. 城图

在宋代不仅绘制了很多全国总图、行政图，也绘制了一些城图，其代表作有《平江图》及《桂林城图》。

碑刻《平江图》是记载宋代平江府城的一幅地图。"平江"，即今江苏省苏州市。《平江图》于南宋绍定二年（1229）上石，是我国现存最完整的地市规划图。其定位上北下南。图内各要素的绘制采取我国传统的城市规划图的绘法，即平面与立体形象相结合的方法表示。

---

① 吕南公：《灌园集八》。转引自张国淦《中国古文志考》，中华书局 1962 年版，第 99 页。

从图上可见，宋代城市的建筑布局有比较细致的规划。如城的四周筑有高大的城垣，城外有护城河，城呈长方形，南北长约9里，东西长约7里，城围约32里。在城的中央（略偏东南）还筑有内城。城内建筑物在布局上没有采取对称的方法，但主要的厅堂、府门、平江军戟门以及郡府居住的宅堂，都在一条中轴线上，其余建筑均分散在附近两旁。帝王宫室和封建统治核心都设在全城最佳位置，以表示帝王的显贵和尊严。城中街道布局对称笔直，东西街与南北街垂直，交叉成方格，这就是街坊。虽然城中街道较多，但在绘制手法上突出重点，且用不同宽窄的街区线将主次街道清晰地表示在地图的第一平面上。另外，城中人工开凿的河流纵横交错，大都与街区平行，这些河道不仅可供城市用水、消防、排水，而且构成了城市与市郊的水路交通网，这种利用水路为城市服务的规划，在当时城市建设上是一个很大的进步。

《桂林城图》是南宋末年在桂林城北鹦鹉山南麓三面亭后石崖上的玫版图。其图高3.4米，宽3米。除少数部位脱落外，大部分清晰可读。从图绘制的年代和图的内容看，该图是一幅具有明显军事意图的城市图。南宋末年，蒙古贵族在我国北方建立元朝并不断地南下灭宋残余势力。当时镇守在桂州城（今广西桂林市）的李曾伯为了防御元朝的南下，以军事防御为目的，于宝祐六年（1258）十二月兴工动土，修复城池。该图就是在这种形势下绘制成的一幅城防规划图。从图的内容看，图上山川、名胜甚少，街坊仅绘有干道，且不注名称，而城壕建筑、军营、官署和桥梁津渡却十分详细。特别是军营和具有军事性质的单位，描绘得更为详细。

5.《禹迹图》

宋代出现过三个石刻《禹迹图》。有南宋初伪齐阜昌七年（1137）上石的《禹迹图》，该图与《华夷图》同刻一石，现存西安碑林；有南宋绍兴十二年（1142）十一月五日左迪功部充镇江府府学教授俞篪重校立石的《禹迹图》，该图藏于镇江市；还有山西稷山县石刻《禹迹图》。这三幅图，稷山县的略不同于其他两图。其长 2.5 尺，高 3 尺，成长方形；另两幅大小一致，长、宽各 3 尺余，成正方形。在刻石时间上，最早是西安碑林的《禹迹图》，1137 年上石；镇江《禹迹图》于 1142 年刻石。因稷山县《禹迹图》无著录刻石年代，故无法计算其与镇江《禹迹图》之先后。

西安碑林《禹迹图》在绘制方法上采用计里画方之法，横方七一，竖方七三，总共 5110 方，比例尺是"每方折地百里"（见《禹迹图》刻文）。因方格呈正方形，每边长平均 1.11 厘米，"折地百里"，故可计算出比例尺约为 1：500 万，如果按宋尺合 30.72 厘米计算，应为 1：498 万。全图所括范围以本国为主，地物要素侧重于画水系。由于用了方格网绘法，所以图上各要素的位置和今日所绘地图相差无几。例如，图中的海岸线弯曲走向比较准确，特别是雷州半岛部分有明显的突出；山东半岛向外延伸形状和今图大致相同；绘制的钱塘江的湾凹深刻，克服了已往钱塘江入海口向外突出的错误绘法；几条主要的江河，如长江、黄河、汉水、沅水、湘水、珠江、澜沧江等，曲折流势相近于今；几个大湖，如太湖、洞庭湖、巢湖等位置准确。这说明当时的学者对沿海和各河流的考察、测绘不仅准确，而且详细。在河流名称注记上，字多压河而注；郡县城邑只注名称而无图形符号。当然，《禹迹图》毕竟是宋代作品，在某些要素的绘制上难免受当时的地理知识限制而出现错误。例如，岷江源头注有"大江源"三个字，这显然不对，估计是受《尚书·禹贡篇》"岷山导江"的影响。也有矛盾之处，从图上所画的长江来看，其主流显然不是岷江，而是大渡河以西的一条河，这条河与今日的金沙江位置相当，说明当时对金沙江的存在并不是全然不知，很可能是受了《禹贡》地理知识的束缚，不敢与经说相违，只得放弃了对长江上源的探讨。

镇江《禹迹图》也是采用计里画方之法，比例尺是"每方折地百里"，河流的数目及曲折流向与西安碑林《禹迹图》完全一致，只是在绘制工艺上，西安碑林《禹迹图》河流线条刻绘得清秀光滑，由细到粗变化自然，而镇江《禹迹图》河流线条粗壮，没有明显的由细到粗的变化。至于湖泊、海岸线以及河流名称的刻绘上，镇江《禹迹图》同西安碑林《禹迹图》完全一致。这说明二图可能出自同一原图。另外，镇江《禹迹图》除刻有"古今州郡名，古今山水地名"等字外，比西安碑林《禹迹图》多了"元符三年依长安本上石"字，为两图出自同一原图提供了间接的证据。

山西稷山县的石刻《禹迹图》没有上石时间，也没有保存下来。从史料记载看："《禹迹图》石志，今在稷山县关帝庙，《稷山县志》：'石志在保山观。石横二尺五寸，为方七十一；竖三尺，为方八十一；五千七百五十一。每方折地百里。志《禹贡》山名，古今州县名，山川地名。刊刻极精。'今移切关帝庙。"（《山西通志·金石记》卷九十七）从这段记载可知，稷山县的《禹迹图》和西安、镇江的《禹迹图》在内容上基本一致，都是使用计里画方，比例尺为"每方折地百里"，只是刻石大小形状和画方数目不同。

从上面论述可知，宋代的《禹迹图》不仅把我国传统的制图方法——计里画方以实物的形式展现于世界，而且把宋代高度发展的地图绘制水平展现给当今的人们。难怪李约瑟博士说："无论谁把这幅地图（指《禹迹图》，作者）拿来和同时代的欧洲宗教寰宇图相比较一下，都会由于中国地理学当时大大超过西方制图学而感到惊讶。"又说："《禹迹图》在当时是世界上最杰出的地图。"① 对这样一幅具有世界先进水平的地图，有不少学者对其原图进行探讨，据曹婉如对图内表示的要素及有关的文学记载的研究，认为《禹迹图》原图绘制年限约在元丰四年（1081）至绍圣元年（1094）。

《禹迹图》比较客观地反映了我国宋代地图制作的工艺水平，是我国古地图难得的珍品。除《禹迹图》外，宋代还有一些水系图，如110年前后，傅寅写的一部主要谈黄河流域的书《禹贡说断》，但其工艺水平及精度远不如《禹迹图》。

（三）地理学家及其专著

宋代地理学与地图学的大发展，必然造就了一批地理学家，如编纂《太平寰宇记》的乐史，修编《元丰九域志》的王存，撰著《禹贡论》的程大昌，以及沈括、范成大、宋敏求、赵汝适等，他们对宋代地理学、地图学的发展作出了不可磨灭的贡献。

1. 乐史与《太平寰宇记》

乐史（930—1007），字子正，江西宜黄人。北宋太平兴国年间考中进士，任著作郎、直史馆。乐史敏学博问，好事著述。一生所著，除雍熙三年所献的《贡举事》20卷、《登科记》30卷等，还有《广孝传》50卷、《上清文苑》40卷、《太平寰宇记》200卷、《商颜杂录》20卷、《杏园集》10卷、《掌上华夷图》1卷等许多著作，涉及面很广。乐史在宋初享有文辞之名。他能诗，也作传奇小说。其诗《钟山寺》描写自然景物清新疏淡，反映出诗人对于祖国山水的爱恋。他的传奇小说，有《绿珠传》1卷、《杨太真外传》2卷。《宋史·艺文志》又有《滕王外传》

① ［英］李约瑟. 中国科学技术史：第五卷，第一分册［M］. 北京：科学出版社，1976：133—135.

《李白外传》《许近传》各 1 卷，今俱不传。但乐史长于地理之学，尤以所撰《太平寰宇记》著称于世。

《太平寰宇记》200 卷，目录 2 卷，成书于北宋太平兴国年间（976—983）。为了歌颂"五帝之封区，三皇之文轨重归正朔，不亦盛乎"的赵宗王朝，也为了表示是书始作于太平兴国年间，所以题名为《太平寰宇记》。

《太平寰宇记》以宋初十三道和四夷为叙述范围，府州为纲，县为目。这是继承了唐代贾耽、李吉甫和其他前人地理之书的长处，并结合宋初的实际加以发展而成的。他自己说："图籍之府未修，郡县之书罔备……虽则贾耽有《十道述》，元和有《郡国志》，不独编修太简，抑且朝代不同。加以从梁至周，郡县割据，更名易地，暮四朝三，臣今沿波讨源，穷本知末，不量浅学，撰成《太平寰宇记》二百卷，并目录二卷，自河南周于海外，至若贾耽之漏落，吉甫之阙遗，此尽收焉。"在体例上，《太平寰宇记》增加了姓氏、人物、风俗、题咏、名胜等类，对此后人褒贬不一。但可以这样说，乐史《太平寰宇记》的体例，是在充分利用前人成果的基础上，根据宋初社会实际加以扩展、修订而成的，是一个比较科学的、能够全面反映整个王朝州县的建置沿革、地理环境、社会历史和风貌的体例。正因为如此，后来因相率从，正如《四库全书总目提要》所说的那样："盖地理之书，记载至是书而始详，体例亦自是而大变。"乐史《太平寰宇记》在我国古代地理总志的编纂史上是一部继往开来的巨著。

纵观《太平寰宇记》，乐史给我们保存的历史地理资料主要有以下几个方面：①沿革地理方面，乐史上自《禹贡》，下迄宋初，对于州县建置沿革的记述远比其他志书要详细，特别是五代时期的建置沿革，可补史籍之阙；②人口地理方面，《太平寰宇记》关于主、客户的记载，不仅反映了主、客户在当时已经普遍存在，反映了他们的地域分布状况，也表明宋初政府对这种社会现象已经予以法制上的承认；③经济地理方面，《太平寰宇记》涉及最为广泛，从农产品、土特产、手工业产品到药物、矿产，无所不有；④乐史为了弥补前人的"编修太简"和"漏落""阙遗"，广征博引，为其所引的著述，多数至今已经失传，这就更显出了《太平寰宇记》之珍贵。

2. 王存和《元丰九域志》

王存（1023—1101），字正仲，润州丹阳（今属江苏）人。他自幼勤奋好学，庆历六年（1046），24 岁就考中进士，开始仕宦生涯，官至秘书省著作郎、尚书丞等要职。

王存有集 50 卷，藏于家，未经刊印。他一生在地理学上的重要成就，是和馆阁校勘、集贤殿修撰、吏部侍郎曾肇及光禄寺丞李德刍一同编修了《元丰九域志》10 卷。这部书的主编和审定者是王存，修撰者则是对地理很有造诣的曾肇和李德刍。

《元丰九域志》原名《九域志》，因断限及完成于元丰三年（1080），故后世冠以"元丰"二字。它是依据王曾等人编绘的《九域图》重修而成，是由图经演变为地志的代表作。此书是将行政管理工作中要用的"图""志""籍"撮其大要，汇为一书，增补和修改了原书中因行政区划变更、户口变迁及行政的地位、隶属关系的变化等已不符合实际的内容，按照元丰年间的行政区划编纂成书的。他们把志书的重心放到与行政管理有关的发挥地利的内容，如注重"版户离合"与"名号升降""县州废置与城堡之名"，备载"山泽虞衡之利"，力求载明现状与经济利益有关的事实："道里广轮之数"力求精确。《元丰九域志》的指导思想如此，后人评论它说："此书所载沿革，则自宋初迄元丰时，可补证诸书之缺误；至其各县下载及山川、古迹，寥寥数语，则本《隋书》及《元和郡县志》《新唐书·地理志》体例，不可轻议也。《太平寰宇记》亦载地之四至，而不及此书之详，宋代镇砦及铜、铁、盐之制，此视《宋史》为核。"（程晋芳：《知行堂文集》卷五）清初方志家朱竹坨检讨跋《寰宇记》说："不若《九域志》之简而有要。"（陈鳣：《简庄缀文集》卷三）《四库全书总目提要》评论说："凡州县依路分隶……次列地理，次列户口，次列土贡。内县下又详载乡镇，而名山大川之目亦见焉。其于距京府，旁郡交错四到八之数，缕析最详。深得古人辨方经野之意，叙次亦简洁法……尤称其土贡一门备载贡物之额数，足资考核，为诸志之所不及，自序所称'文直事核'，洵无愧其言矣，其书最为当世所重。"

综上所述，《元丰九域志》在宋代诸地理志中具有很高的价值，是研究北宋元丰时代政治、经济、军事、自然地理的重要文献，为中国地理学史的发展作出了不可磨灭的贡献。

3. 程大昌《禹贡论》

程大昌，字秦之，徽州休宁（今安徽休宁县）会里人。《宋史》有传，被列入儒林。据文献推算，程大昌出生于北宋徽宗宣和四年壬寅（1122）。他自幼好学，10岁即能属文。南宋高宗绍兴二十一年（1151）举进士第，被任命为吴县主簿，以丁忧未能赴任。服除之后，著《十论》，言当世政事，献之朝廷，宰相汤思退奇之。遂被擢为太平州教授。次年，召为太学正，试馆职，为秘书省正字。1163年孝宗即位，迁为著作佐郎。由于不畏权贵，直学士院。后历任浙东提点刑狱、江西转运副使、刑部侍郎、吏部尚书等职。绍熙五年（1194）大昌上书请老，以龙图阁学士致仕。庆元元年（1195）卒，享年73岁。

程大昌性笃学，于古今事靡不考究。著有《禹贡论》2卷、《禹贡后论》1卷、《禹贡山川地理图》2卷、《易原》10卷、《雍录》10卷等书。

而其中《禹贡论》《禹贡后论》及《禹贡山川地理图》尤为其精心之作。

《禹贡》是《尚书》中的一篇，是儒家的重要经典。全书以名山大川作为依据，划分古代九州境域，记述各地的自然地理和人文地理概况，是学术界公认的我国成书最早并具有高度学术价值的地理著作。孝宗淳熙四年（1177），大昌以侍讲之职，在宫中讲授《尚书》，《禹贡》是其中的一篇。全书文字简古深奥，仅1200字，但有些问题颇难理解。对此，程大昌师古而不泥古，本着好学精思的求实态度和刻意求解的探索精神，提出了十几个疑问，并且本着顺其自然、究其所因的精神，对这些问题进行了系统的探索与研究。他将自己长期考辨的成果，撰成辩证经旨的文论52篇，主要论证了河水、江水、济水、汉水、弱水、黑水，以至荆山、碣石、田赋等问题。论中广考经史，旁征博引，分析论辩，并参以己说，发表了很多前人未发的见解，纠正了一些辗转传说中的错误。这些文论集为一书，这就是《禹贡论》。全书又分为上下两卷，上卷自大河始，至三条荆山止；下卷自汉水起，至夷夏止。每篇各论一个重点问题，多者如大河、九江，各用四篇连续论证，少者则只用一篇，如鲧鸟鼠同穴等。这种写法，较之宋代毛晃的《禹贡指南》逐句诠释的体例，显然又进了一步，这样就可以更加系统深入地讨论某些重要问题。

《禹贡论》写成后，程大昌又著《禹贡后论》，讨论了河水的水患和治理问题，共撰成文论八篇，其中河水三篇、汴水五篇。程大昌又根据经文的记述，绘制了《禹贡山川地理图》31幅。

后人评价程大昌的这三本著作："大昌喜谈地理之学，所著《雍录》及《北边备对》，皆刻重冥搜，考寻旧迹，是书（指《禹贡论》等）论辩尤详。"（《四库全书总目提要·地理类》）程大昌在学术上的贡献，特别是对地理学（集中表现在《禹贡》研究中）的贡献，是十分突出的，他在《禹贡》学问题研究中取得的成绩，可以说达到了宋代学术界的新高度。

4. 其他

宋代地理学家辈出，较有成就的还有沈括、范成大、宋敏求、赵汝适等。

沈括（1031—1095）是我国历史上最卓越的自然科学家。沈括探索自然万物范围广泛，几乎涉及自然科学和人文科学的一切学科，但他对于地理科学的研究和发明更为突出。他一生之中，跑遍祖国大地，对于地形、地貌、水文、气候、植被、土壤、生物等，无不细心观察，沉思潜研，有所发明，有所创造。他的大陆成因论在地质学史上是一项重要的创见。他提出了制图六体，创制了立体的地图，测绘了全国舆地图。

范成大（1126—1193），字致能（致，一作至），一字幼元，号"石湖居士"，又号"此山居士"，平江府吴县（今江苏苏州市）人，是南宋著名的地理学家和诗人。他的宦游生活，为他提供了广阔的考察地理的场所。他虽然一生体质羸弱，但仍然酷爱旅游，善于作地理考察，并把考察成果写成地理游记和专著，甚至写入诗歌中。由于这个原因，他有相当数量的诗歌富含地理内容。在文学史上，人们把杜甫的诗称作"史诗"；同理，也可以把范成大的诗称作"地理诗"。像范成大这样既写了相当数量的地理著作，又写了数量

范成大

范成大是吴郡（今江苏苏州）人，其代表作有《石湖词》。范成大与杨万里、陆游、尤袤合称为"中兴四大诗人"。

可观的地理诗的地理学家，在中国地理学史上很少见。他有三部著名的有丰富地理内容的游记——《揽辔录》《骖鸾录》和《吴船录》，都具有很高的地理学价值。

宋敏求（1018—1079），字次道，赵州平棘县（今河北赵县）人，是我国历史上著名的历史、地理学家，著作宏富，影响极其深远。他的一生是编修历史和地理文化典籍的一生，对保存文化典籍和发扬祖国的优秀文化作出了巨大的贡献，在中国文化史上占有重要的地位。尤其是在中国沿革地理学和城市地理学的研究上，他的造诣更深，著作特别宏富。宋敏求把握住了中国都城兴起、发展的地理特点，充分表现了他以征实为目的，以自然环境为基础来研究城市历史地理的指导思想。他所研究的每一座城市，都有它特定的地理环境，使每个城市的兴起和发展都具有坚实的地理基础。他在城市历史地理方面的代表作有《长安志》《河南志》和《东京记》，记载了长安和洛阳两个城市兴起、发展的地理特点、山川胜迹、城池宫观，具有很高的地理学价值。

赵汝适，生卒年代、事迹不详，宋太宗（赵炅）八世孙。寓居四明（今浙江宁波市）。第进士，历任卿、监、郎官等。理宗（赵昀）朝，官至朝散大夫，提举福建路市舶司。宝庆元年（1225），以提举市舶司时之闻见并亲访的有关海外诸国事迹，著成《诸蕃志》二卷。宋朝时南洋及印度洋以西的远洋航行极为发达，对海外各国地理有进一步的认识，《诸蕃志》的记载正反映了这种情况。上志记载58个国家和地区，记述了各国和地区的珍稀动植物特产。下志记载了47种动植矿物，以香料为大宗。植物中对吉贝（海岛棉）记载最详细，对棉花（草棉）、树棉（海马棉）、木棉（攀枝花）区别得很明晰。对海生动物的形态、生态描述也很详细。《诸蕃志》对海外地理的研究独具特色。

八

航海及
海洋学

（一）两宋航海业的盛况

宋代沈括发明了悬式指南针。将指南针用于航海，标志着人类获得了远距离航海的能力，是定量航海史的开始。

宋代西北方面的陆上边境较唐代大为紧缩。北宋时华北大部分土地被辽侵占，而西北甘肃、宁夏等一大片土地又为西夏所占据，基本上隔绝了通往西域的陆路交通；南宋时国界更向南移，连黄河流域都不能保全了。两宋时的对外交通，不得不更多地取道海上，更促进了海上交通的发展。这也是两宋政府极为重视海外贸易的主要原因。外患严重，边防不安，需重兵设防，因而军费开支浩大；土地缩小，税收锐减，需另找财政收入。而海舶税收正是解决财政困境的好办法。南宋的偏安局面，版图不及北宋的三分之二，税收更少，而开支更庞大了，不仅要维持军队，还要向金国贡纳金银、绢帛、茶叶等物，只有进一步扩大海外贸易来增加收入。宋政府采取一系列奖励措施，健全了市舶司机构。明州港（今宁波）以其优异的海上、内地交通条件，其海外贸易在宋时得到了长足的发展。宋太宗淳化二年（991），两浙市舶司在明州建立，明州与广州、泉州并驾齐驱成为中国古代三大贸易港之一。南宋政府还采取了一些有利于海外贸易的措施，保障外商的正当权益。如：市舶官员强行征收不合理商税或收购货物，允许外商向政府提出控告；设法解决外商困难；为外商贸易提供必要的条件，如建立仓库，准备宾馆，并实行迎送礼节，市舶官员亲自到码头迎接或送别外商。南宋时市舶收入超过北宋最高时2倍多，占总财政月收入的20%。

海外贸易促进了造船业的发展。宋及后来的元朝，中国海船水平远远超过了外国船。来华外商鉴于中国海船载重量大、稳定性好、安全系数高、航速快、乘坐舒适而更愿意搭乘中国大船。当时中国海船垄断了中国到印度的航线。

在西太平洋的航道上，通过中国海船的往返航行，中国跟朝鲜、日本以及东南亚、南亚、西南亚、东北非各国进行大规模的经济贸易。据《岭外代答》《诸蕃志》等书记载，当时与南宋通商的有五十多个国家。南宋商人泛海去贸易的有二十多个国家。在进行贸易的同时，中国海船还起到了沟通、传播和融合中国、印度、阿拉伯古代文明的作用。

（二）指南针与航海技术

1. 指南针与海图

指南针最早起源于汉代，称为"司南"。北宋初年，司南发展成指南鱼、指南针。沈括在《梦溪笔谈》中补充并发展了关于磁针的制法和用法。他说："方家以磁石磨针锋，则能指南，然常微偏东，不全南也。"

司南

司南是古代华夏劳动人民在长期的实践中对物体磁性认识的发明。

指南针

作为中国古代四大发明之一，对人类的科学技术和文明的发展起到了不可估量的作用。

这就暗示了地磁偏角的存在。他亲自实验了磁针的四种装置方法：把磁针横贯灯芯浮在水上，架在碗沿上或指甲上，还可以用缕丝悬挂起来，并进一步指出它们的优缺点。这几种方法中，以"缕悬为最善"。用蜡烛悬丝，特别强调用新纩蚕缕，这种纤维弹性和韧性强而均匀，用蜡烛粘而不会产生扭转，确保指向准确。南宋陈元靓在《事林广记》中，还介绍了当时民间流行的指南针的另一种形式，就是木刻指南鱼、木刻指南龟。前者是把一块天然磁石塞进木鱼腹里，让木鱼浮在水上而指南。后者与前者相似，磁石安置在木龟腹里，但它的装置方法独特：在木龟的腹部下方挖一小穴，然后把木龟安在竹针子上，让它自由转动。这样给它一个固定的支点，拨转木龟，待它静止之后，它就会南北指向。这种装置与近代指南针的支轴形式是基本一致的。现代的指南针是安装在一个支针的顶点，这种以支针顶点支撑指南针针腰的所谓"旱针"，在南宋就有了类似的装置。

　　沈括所说"方家以磁石磨针锋，则能指南"，还揭示了古人制作人造磁体的一种方法——摩擦传磁法。这显然是利用磁石的磁场，使针内磁分子循一定规则排列，从而相互加强，显出极性来。这种方法简便易行，它的发现与推广，对指南针的生产和应用起了重大的作用。

北宋初年，曾公亮主编的《武经总要》（1044年成书）还记载了一种造"指南鱼"的方法："以薄铁叶剪裁，长二寸阔五分，首尾锐如鱼形，置炭火中烧之，候通赤，以铁钤钤鱼首出火，以尾正对子位，蘸水盆中，没尾数分则止，以密器收之。用时置水碗于无风处，平放鱼在水面令浮，其首常南向午也。"他叙述的这种制造人造磁体的方法十分具体。按现代的观点，将铁片加热至通红，温度高于居里点以上，铁的磁畴瓦解成顺磁体，铁片出炉后沿南北方向放置，即循着地球磁力线，突然入水冷却，磁畴便有规律地排列，显出极性来。这样形成的是矫顽力较高、永磁性能较好的马氏体，浮在水面上就能指向南北。有意思的是，铁鱼入水冷却时必须取南北方向，又要"没尾数分则止"，显然是鱼形铁片取南北方向与水平面成一角度，这样可使鱼更加接近地磁场方向。这时人们已意识到有一倾角存在，最大限度地利用地磁感应。

使用指南针，需要有方位盘配合。不久后指南针发展成磁针和方位盘联成一体的罗经盘，或称"罗盘"，由磁针在方位盘的位置定出方位来。南宋曾三异《因活录》写道："地螺或有子午正针，或用子午丙壬间缝针。"这里的"地螺"就是罗经盘。这是已把磁偏角应用到罗盘上，这种罗盘不但有用磁针确定地磁南北极方向的子午正针，还有用日影确定地理南北极方向的子午丙壬间缝针，两个方向的夹角就是磁偏角。

我国北宋宣和年间（1119—1125）朱彧撰的《萍州可谈》，追记他在1094—1102年间的海船上已经使用指南针："州师识地理，夜则观星，昼则观日，阴晦观指南针。"当时海上航行还只是在日月星辰见不到的日子才使用指南针。宣和五年（1123），徐竞（1093—1155）出使高丽。他撰写的《宣和奉使高丽图经》详尽地描述了航行黄河、渤海的景况，并记叙了指南针导航："若晦冥，则用指南浮针，以揆南北。"说到晚上在海洋中不可停留，注意看星斗而前进，如果天阴可用指南浮针来确定南北方向。这是目前世界上用指南针航海的两条最早记录，比1180年英国奈开姆的记载要早七八十年。南宋吴自牧在《梦粱录》中写道："风雨冥晦时，惟凭针盘而行，乃火长掌之，毫厘不敢差误，盖一舟人命所系也。"由此可见，指南针在航海中的地位和作用。

航海罗盘上定二十四向。二十四向在我国汉代早有记载，北宋沈括地理图上也用到二十四向。把罗盘360度分为24等分，相隔15度为一向，也叫"正针"。但在使用时还有"缝针"。缝针是两正针夹缝间的一向，因此航海罗盘有四十八向。大约南宋时已发明了四十八向。四十八向每向间间隔是7度30分，这要比西方的三十二向罗盘定向精确得多。南宋以后使用有罗经的指南针导航，一条航线由许多针位点连接起来，这就是"针路"。把针路方向记录于纸，作为航行的依据，这就是"罗经针簿"。针经的记载进一步促成航海图的出现。

宋代由于航海事业发达，海图也为政府所重视。现在能找到明确的有关海图的文字记载是徐竞的《宣和奉使高丽图经》。这部书是徐竞于宣和六年（1124）撰进朝廷的。他于宣和五年作为随从出使高丽，因精于绘事，他将沿途所经岛屿、高丽风俗事物、城郭、馆宇，都用绘图和文字记述。该书共29篇，201条，附图40卷。它不纯属海图，可惜的是，现在只存文字部分，图与画都遗失了。

2. 海底测量

我国古代用重锤测深法来测量海下地貌。宋徐竞说："舟人每过沙尾为难，当数用铅锤，测其深浅，不可不谨也。"

重锤测深法为我国及世界其他国家人民所用，直到20世纪声呐的发明和推广使用，才结束了它的历史。

中国古代的重锤测深法还有另外的重要用途。铅锤底涂以腊油或牛油，可以粘起沙泥，探知海底土色，可以根据海底土质的区别来确定船舶所在海区，从而指导航线和航向。正如上文涉及指南针时朱彧所说的"或以十丈绳钩取海底泥嗅之，便知所至"。

古人早已明确地认识到海水的颜色与深度有关。南宋吴自牧为此作了归纳："相水之清辉，便知山之远近。大洋之水，碧黑如淀；有山之水，碧而绿；傍山之水，浑而白矣。"在现在的黄海海域，古代就因水的颜色分为黄水洋、青水洋和黑水洋。因为黄海是长江、淮河及黄河的出口海，河水携带泥沙沉淀在海岸附近，沙多水浅，使水显黄色，故称"黄水洋"；青水洋离岸较远，海水较深，海底泥沙不易被波浪卷动泛起，水质清而被命名；黑水洋离岸更远，更深，因而水色深邃幽暗。原先黄海的航线，取黄水洋，靠近海岸，有较多的陆标，但暗沙多不利航行。徐兢说："黄水洋，即沙尾也。黄水浑浊而浅，舟人云，其沙自西南来，横于洋中千余里，即黄河入海之处。"（徐兢《宣和奉使高丽图经》卷三十四"黄水洋"）

（三）宋代的造船技术

1. 造船业的发展概况

在航海技术进步和对外贸易兴盛的推动下，两宋时期的造船业得到长足的进步和发展。不少地方设有造船务、造船场和造船坊，特别是广州、泉州及杭州、明州等地，是建造海船的主要基地。宋代熙宁年间（1068—1077）就已有了干船坞的记载，这比 1495 年英皇亨利七世在朴茨茅斯建立欧洲第一个干船坞早四个世纪。《金史·张中彦传》曾记载，张中彦奉命建造黄河上的浮桥，需要制造巨大的船舰，可是工匠不知怎么造法。于是张中彦造了几寸大小的木船模型，让工匠仿照，顺利完成浮桥工程。这种先做模型再造船的方法，是船舶设计的一大进步。宋朝以后，我国官方的造船厂出现并形成了一套先绘制"船样"然后造船的法则。所谓"船样"，就是比较详细的船舶设计图纸。《宋会要·食货》中曾记载，温州曾按照制置司发下来的两本《船样》各建造海船25艘。前文提到的张中彦还设计了一种船舶下水的方法，只用几十个民工整理船所在的地段，就可使船倾斜入河中。具体方法是：在地面上铺满新割的秫秸，再用大木头把秫秸两侧固定起来，到凌晨秫秸上结霜起滑后，就在秫秸上拖船入水。这种方法巧妙运用天时地利，节省了大量劳力。在我国古代大都利用倾斜的地势使新船下水。古人还在底舱装上土石巨重之物，甚至铸铁块，尽量降低船体的重心，使之达到稳定状态。

2. 宋代造船技术的突出成就

（1）水密隔舱

水密隔舱，就是用隔舱板把船舱分割成互不相通的一个个舱区。这是中国造船技术工艺上的一项重大发明。水密隔舱技术最迟在唐代的船舶上已应用了，在宋代已十分成熟。

1974年，在泉州湾后渚出土的南宋海船，共分13个舱，舱与舱之间的隔板厚10~12厘米，隔舱板与船壳板用扁铁和钩钉钉联，隙缝处用桐油灰泥密，具有严密的隔水性能。1982年，在泉州法石发现的另一艘南宋海船，也采用了水密舱结构，隔舱板厚9厘米左右，隔舱板之间用铁方钉和木钩坚固地钉合在一起。

水密隔舱实质上是预防海难的安全措施，具有很大的优越性。由于舱与舱之间严密分开，即使一两个舱漏水，水也不会流进其他船舱，船不会沉没。如破损不大，进水不多，修复破损的地方不会影响继续航行。若进水严重，可以就近入港修补。显然，水密隔舱提高了船舶的抗沉性能，增强了人员和货物在远洋航行中的安全性。另外，船上分舱，有利于货物的装卸和管理。

同时由于隔舱板与船壳板紧密钉合，增加了船舶整体的横向强度，取代了加设肋骨的工艺，起着加固船体的作用。在欧洲，直到 18 世纪才出现这种先进的船舶结构。

（2）船体结构

西方帆船的船舱都有纵横梁。纵向与横向互联的理论在船舱设计中极为重要。但是，中国古代的船没有西方帆船中大量的纵横梁结构，而是具有独特的内部结构特点。

中国古代的船舶，主要由船壳、龙骨、大檣、隔舱板等构件组成。龙骨，俗称"龙筋"是在船底中线位置贯穿船舱的主要纵向木材。龙骨的长度和起翘决定着船体外在的曲线形状。大檣，是位于左右两舷上部的一至几根与龙骨一样强硬的纵向大木。左右大檣与龙骨在尖底船中构成一个立体三角形骨架，在半底桥中组成一个似乎倒置的棱台骨架。在骨架上钉上船壳板，船体外壳就形成了。

中国古代船舶最大的特点就是船体结构的横向强度是由隔舱板来维持的。

船型也是结构中的重要因素。宋代徐竞描绘的福建"客船"就是尖底船，船首尾两头翘，船体宽阔，其横截面为尖底三角形。尖底船适合于水深、湾狭、礁岛多的海域。平底船方头平底，有宽、大、扁、浅的特点，适于水浅、沙滩多的海域或水浅河宽的内河流域。

中国式船型的特点是船体最宽处在纵向浮水线中心靠后的位置上，而西方船体的最宽处却在纵向浮水线的正中央。李约瑟经考察认为，欧洲人按照鱼的外形来造船，而中国人则按在水面上游泳的鸟的外形来造船。他认为实际上中国人是精明的，因为水鸟像船一样，是浮在空气与水两个介质之间，而鱼则只能在水里游泳。

（3）战船

宋代的军用战船有不少创新和改进，并且在船上装置了火药武器。1169 年，水军统制冯制建造了一种新式的多桨船。它采用"湖船底""战船盖""海船头尾"。湖船底可以过浅水，战船盖可以迎敌，海船头尾可以破浪航行。这种船长 8 丈 3 尺，宽 2 丈，用桨 42 支，可以乘载士兵 200 人，行动便捷，江河湖海都可航行。它将几种船型的长处综合在一起，从而构成新船型，这一方法是造船技术的一个创新。

另外，宋代还有一种称作"海船"的战舰，分大、中、小三等。大的宽 2 丈 4 尺以上，面阔底尖，面阔和底阔的比约为 10∶1，舰上设有"望斗、箭隔、铁撞、硬弹、石炮、火炮、火箭及兵器"，是一种适于海战的船舶。

海鹘战船出现于唐朝。据宋曾公亮主编的《武经总要》记载，海鹘船的形状是头低尾高，前大后小，就像鹘一样。在船舷的两侧都置有浮板，像鹘的双翼，起着平衡的作用。宋代对之进行了重大改革，在船舷的两侧加装铁板，增加防护能力，在船首加装犀利的铁尖，用来冲击敌舰，这样便具有了更强的作战能力。这种战船长 10 丈，宽 1 丈 8 尺，深 8 尺 5 寸，底板阔 4 尺，分成 11 个水密隔舱，两边各有橹五支，可以载士兵 108 人，水手 42 人，是一种结构特别坚实、战斗力强、能冲击敌舰的新型战舰。

在中国古代，轮船又叫"车船"，据记载为唐朝李皋所制。车船获得实用和发展却是在南宋。历史上关于车船的故事，最著名的是杨么和岳飞的水战。《宋史·岳飞传》中曾记载杨么义军与南宋官军对抗时有一种"以轮激水"的船只，航行如飞，船旁设有撞竿，官军只要迎上去就被撞竿击碎。可见，车船在南宋获得了实际的应用和发展。

南宋水军木工高宣对车船进行了改进，建有八个轮桨的"八车船"。后高宣与两艘车船为杨么义军所俘。高宣在义军中又建造大小车船十多种。其中有一种 24 轮车船，上层建筑分成三层，高达 10 丈以上，可载 1000 名士兵。

岳飞与杨幺水战之后，宋军按俘获的车船式样又进行了扩建和改造，使车船战舰成为南宋水军的重要武器。1183 年，陈镗建造多达 90 轮的车船，受到宋孝宗赵眘的奖赏。有的车船还在船尾装一个大桨轮，以便增加航速。车船的桨轮都用木板盖住，外面看不见，踏轮的士兵在舱内操作，不易受敌人伤害。同时上层建筑物中设置有弓弩、抛石机、撞竿、灰弹、毒水等武器，具有强大的战斗力。

在宋朝与金朝的战斗中，宋军的车船发挥了强大的威力。1161 年十一月，金国国主完颜亮率 40 万金兵抵达采石，企图强渡长江，攻打南宋，于是发生了历史上有名的"采石之战"。战斗中，金兵战船被宋军车船撞沉达一半以上，金兵大败。宋军主将虞允文后又率 16000 人援助京口（今江苏镇江）。他命令士兵踏车船在大江中来回巡逻，船行回转如飞，金兵见了惊骇无比，始终无法渡过长江。宋代的车船虽然速度快，但是所用的动力只有人力，无法长途使用，只能在江湖和沿海地区使用。而且车船需要许多人不断踩踏，要花费很多人力，所以只能作为军用。直到蒸汽机出现，动力问题得以解决，轮船的制造应用才得以迅速发展。

（4）北宋神舟和南宋海船

在北宋宣和四年（1122），徐竞奉宋徽宗赵佶之命出使高丽，特地建两艘大型客船，称作"神舟"，同时招募民间客船，称"客舟"。客船长 10 多米，深 3 丈，阔 2 丈 5 尺，可载重 2000 斛粟（约 120 吨）。船用整根木头加工做成的巨枋，叠合而成，具有很大的抗沉性。船上部平如天平，下侧尖若刀刃，可以破浪而行，适航性能好。船首有正旋和副碇，都用绞车控制，是停泊设备。船首有正舵副舵，正舵又分成大小两种，根据水的深浅可以分别使用。船的腹部两旁设有用大竹子捆缚而成的橐，以抗拒风浪，增加船的稳定性，并用来测量船的吃水深浅，装载的时候吃水不能浸过橐。船上有 10 支橹划行，另有桅杆利用风力。大樯高十丈，头樯高八丈，帆有灰帆和竹帆两种，除头风外，其他方向的风都可以调整帆的角度来利用。船的上层建筑分成三部分，有安置炉子、水柜的厨房，有警卫的宿栅。中间部分有四个房室，高一丈多，装饰华丽，是使者官属的居住区。

这种"顾募"来的客舟装饰有点像神舟。而神舟的长阔、高大、设备、器具和人数，都三倍于客舟。由此可见，神舟是一种巨型的客舟。在 12 世纪时像这样华丽的巨型客船极为罕见。

1974 年泉州湾渚港出土的南宋海船，船体横剖面阔，中央由主龙骨、首龙骨、尾龙骨构成。船底呈 V 形，同时整个船体头尖尾方，首尾上翘，具有优良的负载和破浪性能。整个底部分成 13 个水密隔舱，船底板是两重木板，共厚 12 厘米，船舷板是三重木板，共厚 18 厘米，结构严实，强度比较高，抗沉性能良好。这种多重板结构，是具有一定科学道理和符合工艺要求的。大型海船要求比较高的强度，但尖头尖底船外壳弯曲变化的程度比较大，用厚木板加工相当困难，分成几层薄板加工比较容易，并且结合成一体后仍能满足强度的要求。船侧板是船上最容易和外物碰撞的部分，所以造得最厚。板缝之间用麻丝和桐油灰泥密，水密性能良好。尽管单层厚板结构的海船加工起来比较困难，但最迟在南宋我国已掌握了单层厚板加工技术。1982 年在泉州法石出土的南宋海船，就是用单层厚木板加工而成的，而在明、清以后的船舶上都采用这种结构。

（四）对海洋学的认识

1. 沧海桑田

沧海桑田实质上表现了人们对海陆变迁的认识。唐代的颜真卿对此已有了充分的认识，并通过高山螺蚌壳化石的存在予以证认。沈括把对海陆变迁的认识又推向了一个新的阶段。他在《梦溪笔谈》卷二十四"杂志一"中写道，他奉命到河北去，沿着太行山向北行，看到山崖之间常常含有螺蚌壳和鸟卵形的砾石，像带子一样横贯在石壁上，可见这里过去曾经是海滨；不过，现在东到大海已近千里远了。今天所称的"大陆"，都是淤泥沉积而成的。古时候尧杀鲧的地方在羽山，过去传说是在东海里，可是今天已经在陆地上了。大河、漳水、滹沱河、涿水、桑干等河流都是含有大量泥沙的浑水。今天，关陕以西一带，河水都在地面以下流动，河道低于地面不少于一百多尺。河流所携带的泥沙年年向东流去，都成为大陆的土，这是理所当然的。从这段话可以看出，沈括已经采用综合分析的方法，首先根据太行山麓岩石中含海相化石螺蚌壳和海滨往往具有磨圆度比较好的卵石分布的特点，论证这山麓一带是

太行山脉
太行山脉位于河北省与山西省交界地区，跨越北京、河北、山西、河南四省市。太行山脉是华北平原进入山西高原的要道。

过去的海滨；又利用社会历史遗址和自然环境变化的历史比较方法，进一步说明现在是千里平原的地方过去是海洋；再从大海变成陆地的物质来源和它的输送途径，从陆地的形成是以漫长岁月的沉积方式进行的等论据，论证了海洋变成陆地的问题。他认为黄河、漳水等含泥沙量很大，现在西北黄土高原地区由于河流不断下切，使河床加深，河水已经在不少于一百多尺的深沟峡谷中流动了。这些被侵蚀的泥沙都被河水带向东流，淤填海洋。他进一步论证了华北平原是淤积平原。沈括比较全面地阐明了华北平原的形成，又有力地论证了海陆变迁现象，把起源很早的沧海桑田说建立在了更加科学的基础上。

2. 海洋占候

宋代的占候较唐代有了较大的进步，北宋官员所著的占候的书极多。同时，占候还受到官方的重视，在宫中专设漏刻、观天台铜浑仪等仪器，在宋代达到了很高的水平。这时宋代的海洋占候开始从占候中独立出来，这与宋代以后我国航海事业的巨大发展，对海洋天气预报提出越来越高的要求是有很大关系的。

北宋海洋占候的主要成就是对舶趠风及台风的预报。梅雨之后出现的东南季风，有利于远洋航行，所以称为"舶趠风"。此词源出于东汉，到北宋才大量使用。这时"舶趠风"的航海价值广为人们所熟知，推动了季风航海。宋元时在泉州出现的九日山祈风石刻就是证明。

为了安全航海，人们有必要对一年中的风暴进行具体的研究，了解不同季节风暴的特点。沈括在《梦溪笔谈》中曾提到航海"唯畏大风，冬月风作有渐，船行可以为备"。而盛夏时风"起顾盼间"，往往造成人船伤亡事故。宋人还根据海中涌浪来预报暴风。南宋吴自牧《梦粱录》曾有"见巨涛拍岸，则知此日当成南风"之说。

3. 潮汐与潮论

海岸地带海水周期性涨落现象称为"潮汐"。古人对潮汐、潮流时刻及其变化规律有深入的研究，有大量关于潮候的潮汐论著。宋代对潮时推算有较大贡献的先后有张君房和燕肃。北宋时期出现了一些正规的潮汐表。较早的有 10 世纪的宋初名僧赞宁的潮候口诀。他对钱塘江杭州段潮候有研究，制订的潮候口诀为"午未未未申，申卯卯辰辰，巳巳巳午午，朔望一般轮"。这十五个时辰依次代表一朔望中初一至十五每天的日潮高潮时辰，并重复轮回，依次代表十六日到三十日的日潮高潮时辰。赞宁潮候口诀之后，有关钱塘江的实测潮汐表是北宋至和三年（1056）吕昌明编的"浙江四时潮候图"。此潮候表由春秋、夏、冬三个分表组成，后人认为它是赞宁潮汐口诀的直接发展。"浙江四时潮候图"由于时间划分较小，精度增加。此外，还有北宋的余靖，他在《海潮图序》中谈了东海海门（今江苏启乐县）潮候后，指出潮候与地理远近有关系。而沈括注意潮候观察，对比各地潮汐迟到现象，发现各地的情况又有不同。沈括还给现在所说的"港口平均高潮间隙"明确地下了定义，并且强调了在理论潮候表的使用中必须进行一定的地理修正。这就使实用潮候表的制订走上自觉发展的道路，促进了后来明清实测潮候表的大发展。

宋代实测潮候表的崛起，是与航海的发展分不开的。宋代的潮汐学家赞宁、燕肃、余靖、吕昌明等人，大都在现在的浙江、福建、广东等地验潮，这是因为东南沿海是当时中西交通和国内沿海航海最繁忙的地区。另外，实用潮候表也是海塘建筑中必需的。沿海频繁而严重的海啸以及壮观的钱塘江怒潮，促进了宏伟的江浙海塘的形成。江浙海塘在宋代有较大的发展。海塘工程的关键是塘基。而塘基建筑必须抢在每天的低潮时期。海塘的险情又多出现在高潮时期。同时沿海的渔业、盐业等其他海洋事业的发展也迫切需要可靠方便的潮汐表。正是在这种种的社会要求下，宋代的实测潮汐表得到重视。宋代的潮汐学研究都是由关心地方经济的人兼任的，他们不再满足天文潮时，着重验潮，注意社会效果和实用途径，制定了一个又一个更实用的潮汐表。

宋代也是古代潮汐理论发展的鼎盛时期，在当时世界上也是领先的。燕肃曾强调指出潮汐变化和月亮在时间上的对应关系，并且提出潮汐"盈于朔望"的观点。余靖提出潮汐与月亮运动的关系，沈括应用潮汐与月亮在时刻上对应"候之万万无差"的道理来强调月亮是潮汐形成的主要原因。

4. 海洋生物

宋朝航海业较为发达，人们对于海洋鱼类的认识和记载也增多了。

北宋元祐年间（1086—1094），有人成功地驯养了海豹供观赏，"……呼鱼，应声而出"，能将它驯养如此，说明对它的习性有了较深的认识。

宋代有关于鲸类生长发育和习性的记载。南宋赵汝适记载了"大食国"出产，即为印度洋西北部和地中海。《宋史·五行志》记载了我国福建漳浦县海域产鲸。南宋《诸蕃志》也曾记载"中理国"之人取鲸脑髓及眼睛为油等事，中理国大概是今印度洋西北部的非洲索马里地区。

宋代还有对海鱼生长发育及习性的记载。宋代有著作记载鲻鱼的食性，指出它"生浅海，着底，专食泥"。"食泥"是指食泥中的微生物。关于石首鱼（黄鱼），宋也有较为详细的记载（罗浚等重修《四明志》卷四），"石首常以三月八月出，故曰顺时……三、四月，业海人每以潮汛竟往采之，曰洋山鱼"。这正确地记述了农历三、四月黄花鱼在近浅海形成鱼汛。"八月出"可能是关于石首鱼洄游至深海的认识。可见当

时已认识到石首鱼的鱼汛规律。宋代所记载的石首鱼鱼汛，在我国经久
不衰，为最重要的鱼汛。

北宋梅尧臣曾写诗道出春季是河豚鱼汛和它有易发急作怒的习性
（《宛陵先生集》卷五）。张咏的《鲦鲦鱼赋》曾记载河豚碰物而鼓腹，浮
于水而长久不动，结果被鸥鸟吃掉。宋朝时人们不仅认识到河豚的这种
习性，而且根据这种习性，采取了"截流为栅"的"捕河豚法"。南宋还
有关于它因有眼帘而"目得合"习性的记载（张咏《鲦鲦鱼赋序》）。

宋代时有了对鳗鲡较为正确的记载。北宋《日华子本草》较早地记
载它"生东海中"。南宋方志曾记载它可生活在咸淡水中，而且指出鳗
鲡有雄雌，属有性繁殖的鱼类。

北宋的《嘉祐本草》较早地记载了引淡菜（贻贝）。沈括也曾明确

花蛤

花蛤生长迅速，适应性强，离水存活时间长，是一种适合于人工高密度养殖的优良贝类。其主要分布于欧洲温带地区、中国南北海区、日本海等地区。

记载了花蛤和砗磲。《宝庆四明志》对海螺类作了较详细的区分，分别以形态、颜色、肉味及它们的组合为依据。"螺，多种：掩白而香者曰香螺，有刺曰刺螺，口表辛曰辛螺，有曰拳螺……"

我国北宋时就有人工养殖海洋生物的想法。北宋的梅尧臣（1002—1060）的《食蚝》诗就曾有插竹养牡蛎的描述。

九

医药学

（一）医药学发展概况

宋辽金夏时期，手工业和商品经济的发展，特别是活字印刷术的发明，为我国医学的发展创造了有利条件。宋代"程朱理学"盛行，周敦颐的《太极图说》成为后来中医理论著述中阴阳五行说的基本点，对后世医学发展有消极影响，使医学理论渗入了唯心主义的色彩，同时引起了唯物主义的反击。如张载关于"气"的学说，奠定了元气本体论的朴素唯物主义哲学体系，对病因学、诊断学、病机理论的分析探讨，起了积极的推动作用。王安石主张新学，南宋陈亮反对空谈义理，主张务实，强调"用"是衡量一切的标准。这些观点都给医学界以积极影响。

两晋南北朝至隋唐五代，医学是在《内经》的理论基础上，进一步积累实践经验，而宋金时代的医学，则是在前一阶段实践的基础上进一步进行理论上的探讨与提高。这一时期医药学发展的突出特点是官府设立比较完善的医药卫生行政机构、管理机构、医学教育设施，并多次颁发药典，同时方书和本草医书大量涌现。这一时期还产生了一些杰出的医家和学派，金代有刘完素的河间派和张元素的补气派及张从正的攻下派，这些学派的理论主张和临床经验，对我国的医学有重要影响。在临床医学方面如针灸科、儿科、妇科及法医学等方面取得了较为突出的成就。

1. 医政、药政及医学教育

宋代官府对医学事业和医疗设施及医学教育特别重视，对医学的发展起到了积极的促进作用。宋代医政机构较健全，不仅设立翰林医官局专职医药行政，还在宫廷、京都和地方设有御药院、尚药局等。

宋代医疗设施，最重要的是"官药局"。这种设施不但在宋以前没有，在世界上也是史无前例的。"太医局熟药所"于熙宁九年（1076）在开封设立，其职能主要是按方制配及出售成药，"以利民疾"，南宋时改名为"太平惠民局"。由于熟药所的设立和《局方》书的颁布，一般方剂多制成丸、散、膏、丹等成药出售，一般百姓也往往可以不请医生，而是按病求药，便于医药知识在民间的广泛普及。官药局的设立，是成药在宋代得以发展和盛行的重要保证。此外，宋还设有"保寿粹和馆"，以养有病的宫人；设"养济院"，供给患病的人以食宿和医疗；设"安济坊，福田院"以养贫苦病人；"慈幼局"则养弃儿并给贫苦幼儿治病。

2. 重视医药人才的培养和选拔

王安石变法（1069）以后，设立了专门的医学教育机构——太医局，将著名的"三舍法"推广到教学中。到了崇宁年间（1102—1106），医学教育在我国教育史上首次被纳入国家官学系统。宋代医学校分科较细，分为大方脉（内科）、风科（中风）、小方脉（儿科）、眼科、疮肿兼折伤、产科、口齿兼咽喉科、针灸科、金镞兼书禁科；课程有《素问》

《难经》《伤寒论》《脉经》《诸病源候论》《千金方》《太平圣惠方》等。学校以择优为原则，建立"升舍"制度，对成绩优秀者给予一定的奖励，这在很大程度上促进了学校教育的发展。除中央太医局外，地方医学也渐渐兴起，到了政和五年（1115），由于创立了医学贡额，导致儒医的出现，使地方医学有了更大的发展。后来的金、元等朝的医学教育均仿宋制。

嘉祐二年（1057），北宋政府专门设立校正医书局，集中大批科学家和医家对从《内经》以下直到唐代的许多医学著作进行考证和校正，并加以出版。校书局陆续刊行了《素问》《伤寒论》《金匮要略》《脉经》《难经》《千金要方》等古典医籍，对宋以前中医文献的整理、保存、传播作出了重大贡献。此外，北宋政府几次编撰刊行了规模巨大的医方总集，如公元981—986年，令贾黄中等编成1000卷的《神医普校方》；公元982—992年，令王怀隐等编成100卷的《太平圣惠方》；1118年召海内名医编成200卷的《圣济总录》；在公元973—1116年的150年内多次修订《开宝本草》《嘉祐本草》《本草图经》等本草著作。

（二）方书、本草的大量涌现

1. 官修医著

官书《太平圣惠方》《太平惠民和剂局方》及《政和圣济总录》，这三本书都是当时的官府命医官们编纂的，故称之为"官书"。

《太平圣惠方》共100卷，录方16934首，是一部以收录方剂为主的综合性医学著作。第一至二卷为总论，包括诊法及处方用药等一般的论述；第三至七卷论五脏六腑之病及治方；第八至十八卷论伤寒、时气、热病及其治方；第十九至三十一卷论风病和痨病；第三十二至三十七卷论各种杂病；第六十至六十八卷论痔病、损伤等外科病；第六十九至八十一卷为妇人病；第八十二至九十三卷为小儿病；第九十四至九十八卷为神仙、丹药、食治、补益等；第九十九至一百卷为明堂针灸。本书内容大多是编集前人的著作，虽然新的发挥较少，但对反映当时的医学情况和保存医学文献都有不可忽视的作用。

《太平惠民和剂局方》是宋代官药局卖药处方的依据，共14门，788方。此书在宋元间流传甚广，影响颇大。其中许多成方，都是实践经验的结晶，只要对症施药，药效笃定。直到现在，中医常用的许多方剂，特别是一些成药的方剂，如牛黄清心丸等，都来源于此书。

《政和圣济总录》也是一部综合性医学著作，其规模较《太平圣惠方》更宏大，共分200卷，录方近20000首。卷一至二列60年运气图，加以说明，卷三至四为总论，以下为各论，共分66门，每门各有统论及分论，均简明扼要。虽然此书在中医学理论方面无新的突破，但论述比较系统简洁，重点突出，许多疾病的归类也较合理，其中所录方剂，则大多是丸、散、膏、丹、酒等，汤剂很少，体现了宋代医学的特点。

纵观医药史，两晋南北朝医学，以"方书"的大量出现为特点，至唐代，《千金方》和《外台秘要》，可谓已集方书之大成。至北宋，方书盛行的趋势仍继续发展，《太平圣惠方》《圣济总录》等就是集中表现。这样，一病之下，引方众多，一方之中药味愈来愈杂，而且同一方名，内容相差很大，不但病家无法选择，就是医家也无所适从。更大的弊病在于使疾病与治疗之间失掉了理论上的联系。宋代许多医生想从实际上纠正这种趋势，如陈言的《三因方》，企图把各种疾病归入三因，后按因施治；再如寇宗奭（shì）的《本草衍义》、严明和的《济生方》，都试图使理论系统化，从而使治疗纳入有理可循的轨道。

多方、多药，成方滥用，同时也有一种由博返约的趋势，这是宋金医学发展的一个特点。

2. 民间医著

除官方主持编撰修订的方书、本草外，医家学者个人也编著有许多本草、方书。1082 年，唐慎微综合《嘉祐补注本草》《本草图经》加以整理，著成《经史证类备急本草》，这是宋代最著名的药物学著作。全书共 32 卷，载药 1558 种，新增药物 476 种，如采砂、桑牛等都是首次载入。每药均有药图，并在药物的性味、主治、鉴别以及归经理论等方面评价阐述和考证。每药还附有制法，为后世提供了宝贵的药物炮制资料。此书刊行后受到各方重视，数次被政府修订并颁行全国，大观二年（1108），两次为《大观经史证类备急本草》，政和六年（1116），重新刊定为《政和（新修经史证类备用）本草》。此书是本草学中的一部重要文献，在李时珍《本草纲目》之前，500 年间一直被作为研究本草学的范本。连英国著名的学者李约瑟都认为，《证类本草》"要比 15 和16 世纪早期欧洲的植物学术著作高超得多"。

《本草衍义》是宋代又一部突出的关于药理、药性的本草专著，由寇宗奭经十多年调查实践，在众多方献书的基础之上编撰而成的。全书共 20 卷，分为序例和药材物两大部分。序例中论述了摄养、医药、治病的道理，药物部分载药 470 种，对药材物的性味、效验、真伪、鉴别作了论述和说明。他主张用药考虑患者的年龄、体质，并强调用药必须择水土所宜，药宜对症，用量相当。《本草衍义》一书中常用实验和调查的方法验证前人的讹传，使它具备一种以实验为计的独特的风格。

民间修撰的本草书还有陈衍所著《宝庆本草折衷》、郑樵的《本草成书》、张元素的《珍珠囊》等，不一一列述。这一时期民间较为有名的方书有《博济方》《苏沈良方》《普济本事方》等书。王衮所著《博济方》原书已失，特点是以丸、散、膏、丹为主要剂型。《苏沈良方》成书于 1075 年，是后人将苏轼所著《苏学士方》与沈括的《良方》合著编成的，书中载有如健脾散、葫芦巴散、枳壳汤等奇秘效验药方。书中的"丹秋石"首次使用了性激素。此书在医学史上有一定的地位。此外，许叔微的《普济本事方》、张锐的《鸡峰普济方》均有一定的实用价值。

（三）临床医学的成就

这一时期的实践医学，在诊断、对疾病的认识以及治疗方面均有不同程度的成就。

1. 诊断

在诊断方法上，脉诊受到特别的重视。高阳生所著《脉诀歌括》，把《脉经》的主要方法，结合实际简单扼要地编为歌诀，便于记忆和应用，很受一般医生欢迎，促进了脉诊的普及。小儿指纹的诊法，也发明于这一时期。许叔微《普济本事方》中有这样的记载："凡婴儿未可辨脉者，俗医多看虎口中纹颜色与四肢冷热，验之亦有可取，予又以二歌记之，《虎口色歌》曰：紫热红伤寒，青惊白色疳，黑时因中恶，黄即因脾端。"这可以说是现存最早关于指纹诊断的具体记载。其他听声望色、辨口鼻、问寒热等诊断内容也有发展和提高。刘完素在《河间六书》中记载以四时五脏之色察肝腑枯荣，李杲有察色脉定吉凶的论述。

2. 内科与外科

宋代时内科已分化为"大方脉"和"风科"，它们在医科中占有很大的比重。这一时期对内科病的认识和医疗水平有了很大提高，张锐《鸡峰普济方》就把水肿病分成多种类型（如十水病），根据不同的水肿模型和性质来治疗，充实了水肿病的理论研究和临床经验。宋代的董汲在《脚气治法总要》中，对脚气的病因、发病情况、治疗方法进行了细致探讨。全书收集了内服及外用药物 46 个，附有治疗脚气病的医案，是一部较全面的脚气病治疗专著。许叔微所著的《普济本事方》还论述了消渴病（即现在的糖尿病）的临床症状。宋代医学在对内科疾病的认识方面，亦有不少进步。一方面认识的广度大了，许多新的疾病和症候被记录下来，如《太平圣惠方》记载疾病多达 1600 多门；另一方面，对过去一些认识不清的疾病，开始能够鉴别了，如对于发疹性疾病，《太平圣惠方》及《小儿药证直诀》已能鉴别出天花、麻疹和水痘，而郭雍的《伤寒补亡论》有更详细的描述，从书中可见当时已能鉴别斑疹伤寒、水痘、天花、麻疹、荨麻疹五种发疹性疾病，掌握了其主要特点。在内科诸症的病因诊断、治疗方面有新的突破和发展。治疗方面，局方成药的盛行，虽然给医学发展带来不少流弊，但从广泛的实践经验中也发现了很多有效的方剂和药物，特别是芳香性行气药物对促进消化作用的效果比较显著，对后世行气药的应用影响很大。其他如用砒剂治疗疟疾、痢疾、痔疮，汞剂利尿，蟾酥止血、止正痛，罂粟的止痛、止痢、止正咳都是这一时期的新发现。宋代时陈自明《外科精要》一书的问世，首先明确提出外科的名称。此书刊行于景定四年（1263），主张根据脏腑经络虚实，因证用药施治，不可拘泥热毒内攻之说，常用寒凉攻伐之剂。它特别指出痈疽虽为外科病症，但与内脏有关，用药应从人体的整体出发。这些观点对后世的影响颇深。

外科方面，对一般化脓性疾患，提出所谓"五善七恶"的说法。所谓"五善"，一般指炎症只限于局部，没有全身症状，预后好；所谓"七恶"，指发生坏疽或败血症等较严重的全身症状，预后不好。这些观察和判断，都是相当正确的。外科对化脓性炎症的处理更合理，外治法同时配合内服药"托里"（促进化脓）或"内消"（停止化脓），便形成了中医外科疗法的特点。

写于 12 世纪初的《卫济宝书》（佚名）曾论述了癌、瘭、疽、痈五发图说。这是关于癌症的最早记载，并通过对乳腺癌的观察，指出 40 岁的妇女易患此症，溃烂三年而死，符合实际，反映了我国古代医学诊断上的巨大成就。

3. 妇产科

宋代妇产科很发达，已专门设有产科医生，并有产科专著，妇科学术水平也显著提高。在《太平圣惠方》第六十九至八十一卷，专门记载了妇科病，《圣济总录》和《和济局方》均有大量妇科内容和方药。朱瑞章（约 12 世纪长乐人）于 1184 年著《卫生家宝产科备要》八卷，综合了南宋以前诸家产科经验，论述了胎前产后的全过程，注意到妊娠营养与摄生、临产护理和治疗、产后方药、新生儿护理等。该书有较高的文献价值和实际临床意义，是宋代妇产科的一部重要著作。

此时很著名的产科著作还有杨子建著于 1098 年的《十产论》。《十产论》详述了横产（肩产式）、倒产式（足产式）、偏产式（额产式）、坐产式、碍产（脐带绊肩）等各种难产及助产方法。该书所载转胎手法，是医学史上关于异常胎位转位术的最早记载，它标志着宋代妇产科对难产处理有较高的水平。

唐慎微《经史证类备急本草》一书还载有产科用药的重要发明。该书记载用全兔脑作催生丹，是世界上最早应用有关催产素催产的记载。书中还详细记述了催生丹的制作技术和过程，表明当时在朴素的经验上把握住了激素的某些重要性质。宋代妇产科成就最大的是陈自明。他的《妇人大全良方》著于 1237 年，在妇科方面有调经、众疾、求嗣三门，记述了有关月经的生理及异常诸候、一般的妇科病和不育问题。他指出了女子不孕的原因，并反对早婚。在产科方面还有关于胎教、候胎、妊娠疾病、难产、产后的论述，描述了妊娠各期胎儿的发育状态、妊娠的诊断，以及产褥期的护理、产后感染诸症。《妇人大全良方》在当时是一部内容丰富、体系完整的总结性妇产科专著，受到后世重视并被长期应用。

4. 儿科

宋代的太医局专设有儿科，称为"小方科"。在《太平圣惠方》《圣济总录》等医著中都有大量翔实的关于儿科诸症理法主药的全面论述。《幼幼新书》是宋代一部重要的儿科学专著，著于1150年，为刘昉、王历、王湜合著而成，总结了宋以前儿科的经验与成就，内容包括求端探本、方书叙例、病源形色、禀受诸疾、惊风急慢、斑诊麻痘、五疳辨治、眼目耳鼻、口唇喉齿等多条目，具有较高的参考价值。

钱乙的《小儿药证直诀》（1119）一书标志着儿科学已自成体系，从生理病理到诊治方药都形成了独立的内容。他的《小儿药证直诀》，上卷论述脉证治法，中卷记医案，下卷刻诸方。他抓住儿童的本质特点，生理上"五脏六腑，成而未全，全而未状"，病理上易虚易实，易寒易热，在治疗上主张以"柔润"为原则，反对"痛击""大下""蛮补"的用药主张，强调补泻要同时调理，以善其后，也善用滋阴清火法，为金元时滋阴清火派的形成提供了理论和临床依据。根据这些认识原则，他创制的一些儿科专用方济，如痘疹初起时的升麻葛根汤，治小儿心热的导赤散，治脾胃虚弱、消化不良的异功散以及治肾阴不足的六味地黄丸等，为后世医家所常用。

钱乙根据小儿不能口述病情，不易诊断，总结出"面上证""目内证"，对小儿疾病的诊断具有重要意义和价值。他集中论述了小儿脉法中"弦急""沉缓""促急""浮细"等法，并以脏腑病理为依据，根据寒热虚实，用五脏为纲的辨证方法诊断全身，进一步为后世脏腑辨证施治奠定了基础，其影响不仅限于儿科。钱乙书中对小儿常见的痧、痘、惊、疳四大重症加以论述，指出疮疹的特点及疾病的症状，他所记录的病例都具有较高的科学价值。

佚名的《小儿卫生总微论方》已认识到小儿脐风和成人破伤风为同一疾病，并指出以烧灼脐带为预防脐风的办法，更是惊人的成就。

开宝六年（933），刘翰、马志等奉诏令在唐代苏敬的《新修本草》的基础上，修订成《开宝本草》。公元974年，李昉参考其他诸书，收录新旧药品共983种，重新修订为《开宝重定本草》，简称《开宝本草》，共21卷。到了嘉祐二年（1057），掌禹锡等奉命增修，增药82种，共计1082（或为1118）种，称为《嘉祐补注本草》。嘉祐三年（1058），宋朝廷诏令各地所产药物绘图进呈，并注明开花结果、采收季节和功用，由苏颂主持编撰《本草图经》。《本草图经》于嘉祐六年（1061）成书，共21卷，载药780种，并在635种药名下绘制药图933幅。该书对所收药物不仅绘制图样，而且注明花形、果实、采收季节、效用、产地和进口来源，具有较高的科学价值和实用价值，为药性、配方及历代本草的纠谬提供了依据。书中对药物的来源和鉴别作了重点讨论，把辨药和用药结合起来，并收藏了大量的单方和验方。由于它实用性强，深受衢世医家的赞赏。此书虽早已散失，但其主要内容仍保留在《证类本草》和《本草纲目》中。

5. 针灸

宋代在针灸方面，做了不少整理工作。首先，《太平圣惠方》的第九十九、第一百卷收录了唐以前有关针灸的部分资料。为了使针灸图更形象真实化和富有立体感，王惟一于天圣五年（1027）在编写《铜人腧穴针灸图经》的同时，奉敕铸造了最早的两具刻有经脉俞穴的铜质人体模型——针灸铜人。至今仍为针灸家取位定穴范本的《十四经发挥》，即源于该图经。

有关针灸的著作，有记载的还有许多，但只有《针灸资生经》《玉龙歌》流传了下来。

针灸的发展有两种趋势：一种是由博返约，即在三百多个俞穴中，选出若干常用穴编成歌诀，说明主治疾病及注意事项，便于医生掌握和应用；另一种是受了"运气学说"的影响，特别重视针灸取穴和时日的关系，即现在尚流行的"子午流注"和"灵龟大法"。前者对针灸的普及和有效验穴的认识有促进作用，后者则增加了针灸的神秘性，有不利作用。

6. 解剖及法医学

宋代有两次关于解剖尸体的记载，一次在庆历（1041—1048）年间，另一次在荣宁（1102—1106）年间。当时对内脏的解剖位置及特点的记录基本正确，并绘有《存真图》，但未流传下来。

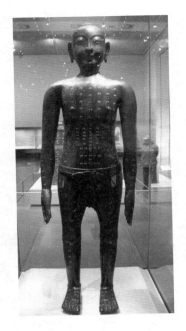

针灸铜人
针灸铜人系青年裸体式，与真人生理结构一致，四肢及内脏均可拆拆。它是针灸教学模型和测试医学生及医人针灸能力的工具。

法医方面的著作，有佚名的《内恕录》《平冤录》、郑克的《折狱龟鉴》和桂万荣的《棠阴比事》，最著名的是 1247 年末宋慈所著《洗冤集录》。该书列举了许多自杀和谋杀的毒物以及有关的救急或解毒方法等。该书分为五卷，第一卷是法律条文，总检规定，疑难验例；第二卷是初检、复检规定，检妇规定，检妇婴尸注意事项，尸体四肢腐烂情况，洗、验已埋尸、烂尸的方法等；第三卷是验骨，验自缢，区别真假自缢和真假自溺；第四卷是各种杀伤、火死、汤泼死、病死、毒死的检验；第五卷验罪囚死，受杖死，跌死，塞口鼻死，雷击死，虎咬死等尸检，并附有辟秽和急救的方法。《洗冤集录》包含了现代法医学中心内容的大部分，真正称得上是我国第一部系统的法医学专著。这本书一直被沿用了五六百年，还被翻译成英、法、俄、日等多种文字，流传于国际间，影响颇大。

（四）医学理论的发展

1. 对张仲景《伤寒论》的重新研究

《伤寒论》（东汉张机所著）是中医"辨证论治"的基础。由于此书是一种条文式的札记，系统性较差，不便于一般医生具体掌握，对许多症候的虚实寒热等病变的性质和部位并没有具体地分析和指出，治病原则和所用方药不能完全和疾病症候有机地联系起来，所以两晋南北朝到隋唐五代，没能广泛传播。到了宋代，重新研究《伤寒论》蔚然成风，许多有关《伤寒论》的著作纷纷出现。比较著名的有：宋代成无己的《注解伤寒论》《伤寒明理论》、庞安常的《伤寒总病论》、朱肱的《南阳活人书》、许叔微的《伤寒发微论》《伤寒百证歌》《伤寒九十论》、郭雍的《伤寒补亡论》等。金代有刘完素的《伤寒直格》《伤寒标本心法类萃》、马宗素的《伤寒医鉴》等。

宋代学者对《伤寒论》的研究，主要着重在注解、整理和补充三个方面。所谓"注解"，并非单纯的字句解释，其重点是对每种证候的病机病变加以理论性的阐述，而且对《伤寒论》的处方、用药，也从理论上加以解释，并和所治疾病联系起来。此外，还对伤寒病的许多重要症候、证型以及常见并发症，如发热、恶寒、阴（阳）毒、表（里）证等分别作了更系统、更具体的理论性阐述。整理，就是对《伤寒论》的原文加以重新改编，尽量使其系统化，有纲有目。还有的学者将伤寒重要症候的病机病变以及治疗方法编成歌诀，便于学习者掌握和记忆其要点。例如许叔微的《伤寒别歌》。补充方面，一是对《伤寒论》的某些症候补充方剂，二是关于温病的补充，三是关于妇人、小儿伤寒的补充。方剂的补充，大部分采自《千金方》《外台秘要》等唐代方书；关于温病、温疫等几种类型，并加以鉴别，庞安常提出四时有不同温病的主张；郭雍的《伤寒补亡论》则详细描述了五种不同疾病的斑疹特点。此外，还有小儿妇人伤寒的许多著作。以上注释、整理和补充，使《伤寒论》进一步系统化、理论化，更臻完整，但并没有提出根本性的新理论和新问题。

2. 病因病机学

宋金时期在医学基础理论方面，对病因病机的认识有了新的发展。宋代对传染病的病因多为瘴气说。陈文中在《小儿痘疹方论》中认为天花病为三种液毒。严用和在《济生方》中辨别五劳、六极、七伤与全尸的不同，表明了对劳瘵病因认识的深入。对于消渴病，宋时提出积热在脾的看法，对消渴病因、病机的认识有了进步。对于中风，刘河间认为主于火，李东垣认为主于气。此外，钱乙认为小儿急惊风为热甚生风，慢惊风为脾虚生风。对伤寒，庞安时认为冬季寒伤阳气而致，随时而病变，在春为温病，在夏为热病。朱肱、王好古对伤寒病因病机等方面有不少精辟、卓越的认识。宋金时期医家对许多具体的病症的病因病机认识的深度、广度有了较大的进步，从而出现了病因病机学说的专著或专门篇章。

陈言的《三因极一病证方论》（简称《三因方》）讨论病因，在医学史上声望较高。他主张"三因致病说"，把复杂的病因分为三类：一为内因，即喜、怒、忧、思、悲、惊、内伤七情，内发自脏腑，外形于肢体；二为外因，即风、寒、暑、湿、燥、火、外感六淫，起于经络，发于脏腑；三为七情、六淫之外的因素，包括饮食饥饱，呼叫伤气、虎狼虫毒、金疮压溺及其他各种偶然性因素。这种分类与张仲景略同，但内容有所发展，对各病因的概括更加具体，更符合临床实际，使中医医因学更加系统化、理论化。

病机学在宋金时期也有大量的阐述，如钱乙论述儿科病机特点，陈自明论述妇科病的病因病机。刘完素对火热病提出六气皆为火化的论点，认为外因六气、内因五志皆可致生热证，对运气学说做了创造性的发挥，把五运六气的原理运用于人体内部，提出脏腑六气的病机理论。他的《素问玄机原病式》可视为病机学专著。刘完素、张从正、李杲提出对病因病机的不同见解，从而形成了不同的医学流派。宋金医家对病因病机的研究和探讨，对后世医学具有重要影响。

3. 运气学说的盛行

运气学说，是以"五运六气"预测疾病的发展和轻重的一种学说。最初的记载是唐代王冰补入《素问》的七篇文字，著成之后，自唐宝应元年至北宋初年的二百余年间，无人引用。直到宋元符二年，刘温舒著《素问论奥》专门论述五运六气，并绘图说明。王安石变法以后，此说大为盛行，甚至作为太医局考试医生的科目之一。当时有影响的著作有寇宗奭的《本草衍义》、赵佶的《圣济经》《圣济总录》、陈言的《三因方》。

运气学说的基本内容，是把当时纪年所用的天干、地支，即甲乙丙丁……子丑寅卯等，和五运（即金木水火土五行）、六气（太阳寒、少阳火、阳明燥、太阴湿、少阴水、厥阴风）联系起来，认为每年都有一个"五运"和"六气"，同时又把五运六气联系起来（金属燥、木属风、水属寒、土属湿，天气中少阳的火称为"相火"，把少阴的火称为"君火"），并且把它们分别于不同的阴阳，这样就可根据甲子、乙丑等年岁的推移而预先判定某年某运为主运，某气为主气，然后再根据阴阳五行生克关系，定出"运"和"气"何者为主。这样就能判定某年为某气胜，易得何种疾病。不难看出，这种学说毫无科学根据。

这套理论，盛行时就有人反对，许多临床医生名义上不反对，但在实际应用上，或置之不理，或只抓一点可用之处另加发挥，促进了中医理论的发展。如运气学说中强调六气致病，后世扬弃了它凭干支推断某年某气胜的不合理部分，单以六气与疾病的关系发挥而发展为六淫病变学说。此说强调五行和天气间的生克制化关系，后世发展为五脏病变时相互影响的学说。其中与运气无关的但对临床实践十分重要的理论性问题，如治疗的正治、反治原则，制方的君臣佐使关系，药物五味对不同疾病的补泻作用各不相同等，这些对中医理论的发展都有很大影响，针灸学中"子午流注""灵龟八法"很可能受到此学说的影响。

4. 医学流派的产生

金代医学流派的主要代表是"金元四大家"，即金代的刘完素、张从正、李杲及金元时代的朱震亨等四人。

刘完素受运气学说中强调六气致病的影响，认为六气之中，火、热为最重要的致病因素，并认为六气都可以化火，故得出结论认为，绝大多数疾病都由火所致，治病时以寒凉为主，后世称"寒凉派"。

张从正认为，六气致病主要是"邪气"侵入人体的结果，所以他主张治病应以汗、吐、下三法为主，排除邪气，

朱震亨

朱震亨医术高明，多有服药即愈不必复诊之例，故时人称他为"朱一贴""朱半仙"。他与刘完素、张从正、李杲并列为"金元四大家"，在中国医学史上占有重要地位。

特别是吐、下两法，收效最速，后世称"攻下派"。

李杲与前两人强调六气的外感作用相反，认为各种疾病的发生，包括外感病在内，都是以"内伤"即体内正气的损伤为主要因素。他据内经《太阳明论篇》的论点，加以发挥，认为人体正气应以"脾胃之元气"为主，"人以胃土为本"，"百病皆由脾胃衰而生也"，治疗各种疾病，均应以温补脾胃之气为主，后世称"补土派"。

朱震亨与刘完素有间接师承关系，受主火论影响较大，但他对火的看法与刘有很大不同。朱震亨认为人体内有一种"相火"，这种相火最易因声色的刺激而妄动，耗泄阴精。阴精不足，正是各种疾病发生的最重要因素。朱震亨主张治病应以补阴精而抑相火为主，后世称他为"滋阴派"。

以上各派的主张虽然有很大的片面性，但都能以不同的角度，在一定程度上说明某些方面的问题，对后世影响很大。特别是不同主张之间的互相争论，进一步促进了医学理论的发展。

（五）著名医家及其专著

庞安时（1068—1100），其著作主要是《伤寒总病论》，其他还有《难证辨》《主对集》《本草补遗》。他的《伤寒总病论》对张仲景的《伤寒论》作了一定的整理和补充，开创了重新研究伤寒之风，其作用不可否认。虽然具体的处方用药"寒热错杂，经络不分"，但在初研《伤寒论》的当时，此缺点实为在所难免。

朱肱（1050—1125），因曾做过奉仪郎，人称"朱奉仪"。著作主要是《南阳活人书》。此书共 20 卷，第一至十一卷为问答体，共设 100门，以阐发张仲景《伤寒论》的奥义；卷十二至十五论伤寒 113 方；卷十六至十八论杂方 126 首；卷十九论妇人伤寒；卷二十论小儿伤寒疮疹。该书在对《伤寒论》的整理和阐释方面较《伤寒总病论》平妥，对后来的医学影响较大。

许叔微生于 1080 年，卒年不详，幼年时父母因病双亡，立志学医，终成一代名医。他的著作有《伤寒百证歌》《伤寒发微论》《伤寒九十论》《类证普济本事方》等。《伤寒百证歌》共 5 卷，主要是"取仲景方论编成歌诀一百证"，虽然自己发挥较少，但把有关伤寒的脉、证、方、药、表面、阴阳、虚实、寒热等辨证要点，归纳于 100 首歌诀中，便于学习记忆，有利于《伤寒论》辨证论治精神的普及。《伤寒九十论》为著名经治病例的论述，颇似今日病案讨论。《普济本事方》共十卷，收录 300 余方，每方首列主治、方名、药味分量，次叙治法、服法，后附 1~2 病例及评述，书后列《制药制度总列》70 余条，很切合实际。这两本书，均便于学者理论联系实际。

成无己生于北宋，生平事迹不详。著有《注解伤寒论》《伤寒明理论》。其中《注解伤寒论》是对张仲景《伤寒论》的注释，是以后百余家注释《伤寒论》的首创。

钱乙（约 1035—1117），字仲阳，所著《小儿药证直诀》是我国也是世界现存最早的小儿科专书。《小儿药证直诀》共 3 卷，在书中列举了五脏本身虚实的主要特点，并分别指出治疗原则及具体处方，为以后的脏腑辨证施治奠定了基础。他提出小儿"脏腑柔弱，易虚易实，易寒易热"，治疗时力戒妄攻误下，即使非下不可，也必须

成无己

成无己出生于世医家庭，自幼攻读医学，对理论与临床均有擅长。他是伤寒学派主要代表医家之一。其著有《注解伤寒论》《伤寒明理论》等。

"量其大小虚实而下之"，而且下后必须以和胃之剂加以调整。现今看来，这些都是对小儿疾病特点的正确认识。在处方方面，他依据辨证论治的精神，对过去的成方加以对证化裁，特别是从金匮肾气中化裁出六味地黄丸，对后世的启发和影响很大。

宋代除钱乙的《小儿药证直诀》外，尚有董汲的《小儿斑疹备急方论》、刘昉《幼幼新书》、陈文中《小儿病源方论》《小儿痘疹方论》，以及无名氏的《小儿卫生总微论方》。

陈言（1131—1189），字无择，南宋人，所著《三因极一病证方论》，简称《三因方》，享誉颇高。《三因方》主要是以三因立论，即认为各种疾病都离不开三因，都可按三因来分类。《三因方》的编排：第一卷总论，第二至七卷为外因病，第八卷为内因病，第八卷以后其分类就不清了。显然，这种理论在著书时就暴露出谬误，因为所有疾病的发生，都是内外因相联系的，绝不可孤立地归之为内因或外因。《三因方》共18卷，分180门，录方1500余首，每类都有论有方。后人评其"文辞典雅，而理致简该"，"议论最有根柢，而其药多不验"。治病既无效，议论岂非空谈？可见对陈氏的赞誉有名过其实之嫌。

王硕，据传为陈言的学生，著有《易简方》，取方30首，生料30品，市上常售丸药10种，"凡仓猝之病，易疗之疾，靡不悉具"，充分体现了"易简"二字，出版后虽毁誉不一，但影响很大。

严用和，生平不详，著有《济生方》十卷，《续方》一卷，原本已佚，今本为清人从《永乐大典》中辑出，共56论，240余方，约为原书一半。《四库提要》评论该书"议论平正，条分缕析……其补益云，药唯平补，柔而不僭，专而不杂……盖其用药，主于小心畏慎……然用意谨严，固可与此张从正、刘完素诸家相互调剂云"，严用和可称为稳妥派医生的鼻祖。

陈自明（1190—1270），字文甫，三世学医，均为大方脉，而陈氏却专于外科及妇科，所著《妇人大全良方》《外科精要》均为传世之作。《妇人大全良方》共20卷，分八门，即调经、众疾、求嗣、胎教、妊娠、坐月、难产、产后；每门数十论，共260余论，论后附方。该书"提纲挈领，于妇科论治，详悉无遗"（《四库全书总目提要》），是我国第一部比较完整的产科专著，对后世影响颇大，至今尤为一般医家所遵用。《外科精要》主论痈疽的证治，名医朱丹溪为之作《发挥》，熊宗立为之作《补遗》，薛立斋为之作《校注》，足见其影响之大。

宋代医家医著，除以上所述外，一般方书还有孙用和的《家传密室方》、王贶的《全生指迷方》、史堪的《史载之方》、洪遵的《集验方》、杨倓的《杨氏家藏方》等。外科有无名氏《卫济宝书》、李迅的《集验背疽方》、李世荣的《痈疽辨疑论》等。小儿科方面有单世荣的《活动心书》，妇科有杨子建《十产论》、郭稽中《妇人产育宝庆集》。

张元素，金之易州人，生卒年月不详。其著作有《医学启源》、《珍珠囊》、《药注难经》（疑为后人伪作）、《医方》（不传）。《医学启源》包括五运六气、内经治要及本草药性三部分内容；《珍珠囊》主要是"辨药性之气味，阴阳厚薄，升降沉浮，补泻六气，十二经及随证用药之法"。张元素的主要成就在药理学说方面，他虽推崇运气学说，而实际上只着重"一年之中由于季节气候的不同，治病用药也应不同"这一方面。此外，他对五

张元素

张元素，中医易水学派创始人，其著作《医学启源》与《脏腑标本寒热虚实用药式》最能反映其学术观点。

味学说也有新的发挥，他不但根据五脏的苦欲，具体指出针对性药物，而且指出即使用一味药物，因五脏病变的不同，其作用也可大异，从而使五味作用更复杂，使用上更灵活。他对药物气味的厚薄、阴阳、升降、沉浮作了理论上的阐述，尤其在《珍珠囊》中对每味药物都作了具体的注明。该书中几乎每味药物都注有归某证的字样，制方必须用特定的"引经报使"药，才能更好地发挥作用，可见他倡导药物的"归经"说及"引经报使"说。张元素还根据五脏六腑的虚实寒热及药物五气六味、归经补泻的性能，具体指定《脏腑虚实标本用药式》，把每一脏腑在什么情况下该用什么药，都规定下来，对辨证论治的彻底贯彻起了决定性的作用，故明代著名医学家李时珍称颂张元素"大扬医理，灵素之下一人而已"。

李杲（1180—1251），晚号"东垣老人"，从师张元素，著有《内外伤辨惑论》《脾胃论》《兰室秘藏》《用药法象》。以《内外伤辨惑论》为代表，其中的思想认为"土为万物之母，脾胃为生化之源"。他主要强调脾胃的作用，有其独到之处。

此外，还有李东垣的两位学生王好古和罗天益。前者著有《医垒元戎》《阴证略例》《汤液本草》《此事难知》等；后者著有《内经类编》和《卫生宝鉴》。

刘完素（约1110—？），著有《〈素问〉玄机原病式》《〈素问〉要旨论》《宣明论方》《伤寒直格》。《〈素问〉玄机原病式》把《至真要大论》中所讲的"病机十九条"加以发挥，阐明"大多数疾病，其病机、病变均为因热"的理论。刘氏的学说，受运气学说的影响颇多，其中不乏神秘色彩。

张从正（约1156—1228），为学刘完素，用药多寒冷，著有《儒门事亲》《三法六门》。他遵照六气致病，认为各种疾病主要是由所谓六淫的邪气所引起，驱除的具体方法就是"汗、吐、下"三法，其主张偏颇性较大，后世很少遵之。

十、数学

（一）宋代数学发展概况

我国古代数学，经过汉唐千余年的发展，形成了以"十部算经"为基本内容的完整体系。到了宋代，又有了惊人的发展。

宋代立国后，经济恢复，各行各业十分兴盛，文化进一步发展。北宋元丰七年（1084），由于雕版印刷十分发达，秘书省刻印了《九章算术》等汉唐时期的各种算经，由国家颁行为学校的教学用书。这是我国有史以来第一批印刷体数学书籍。北宋时期，在国子监中曾设立过算学科。但它时而设立，时而取消，没有持续不断地发展。到了南宋，干脆把算学科永远废掉了。

贾宪是北宋最著名的数学家，在方程解法上有杰出的成就。他著有《黄帝九章算法细草》，可惜已散失。

北宋时期比较著名的数学家有沈括（1031—1095），他涉猎的学科范围十分广泛，对数学和天文都十分精通，在他的《梦溪笔谈》中记载了若干条与数学有关的问题。

1127年，金人攻陷了北宋都城汴梁（今开封），秘书省的书籍和印版全都被掠夺破坏，数学书版大受损毁。在北方，继金之后，又有蒙古族兴起，和南宋形成了南北对峙的局面。恰在这种形势下，中国古代数学却取得了突出的成就，先后有秦九韶、杨辉等数学家的著作出现。这些数学著作记载了许多具有世界意义的学术成就，充分反映了这一时期中国数学高度发展的水平。

南宋数学家秦九韶著有《数书九章》18卷（1247），记有高次方程的数值解法和联立一次同余式的解法。南宋杨辉的著作集中反映当时民间商用数学的情况，收录了现在早已失传的各种数学著作中的一些问题和标法，还记载了改革筹算的一些乘除简捷算法。

宋代数学最突出的成就首推高次方程的数值解法与天元术。早在北宋时期，大数学家贾宪就在《黄帝九章算法细草》中首先提出"开方作法本源图"，即现在的指数为正整数的二项式定理系数表，欧洲人称之为"帕斯卡（1654）三角"，比贾宪晚了600多年。贾宪还最早提出"增乘开方法"，不仅开平方、开立方，并且推广到任意高次幂的开方。南宋的秦九韶在贾宪的基础上，完善了高次方程求正根的增乘开方法，解决了任意高次方程数值解法问题。秦九韶还在数学史上最早用十进数字作无理数的近似值，同时，还发展了列方程的方法——天元术。此外，秦九韶还提出了"大衍求一术"，即求解一次同余问题。这种方法和现代最大公约数的所谓"欧几里得辗转相除法"相类似。欧洲直到18、19世纪，大数学家欧拉（1743）、高斯（1801）等对一般一次同余式进行详细研究，才得到与秦九韶"大衍求一术"相同的定理。

宋代数学家对高阶等差级数的研究取得了辉煌的成就。宋代对高阶等差数列的研究最早是由沈括的"隙积术"开始的。沈括在他的《梦溪笔谈》中从"酒家积罂"、"层坛"（例如堤坎、城墙等分层筑土工程体积）等实际问题出发提出"隙积术"，相当于解决了高阶等差数列求和的问题。后来发展成为元代朱世杰的堆垛术。

沈括还对弧、弦、矢之间的关系进行详细考察，给出了我国数学史上第一个由弦和矢的长度求弧长的比较实用的近似公式，即"会圆术"。会圆术在天文学与其他学科发展中曾起过极其重要的作用。元代的王恂、郭守敬在推算授时历中曾加以应用。沈括还记录了北宋初期产生的一种增乘代除法，它是后来珠算归除口诀的前身。

（二）宋代数学发展的最高成就

1. 增乘开方法与开方作法本源图

中国古代将求解一般方程的数值解法称为"开方法"。因为一般方程的数值解法，是由开方的方法推演出来的。早在《九章算术》中就已经有了完整的开平方和开立方的方法。北宋大数学家贾宪引入了一种新的开平方、开立方的方法，即增乘开方法，把旧方法中的乘平方、乘立方等步骤用随乘随加的方法来代替。这种方法十分容易推广到高次幂的开方中去。

从现代数学的观点来看，这与"霍纳算式"随乘随加的特点是一致的。实际上，贾宪的增乘开方法步骤与霍纳算式的演算步骤是完全相同的，但要比英国霍纳早约 800 年。贾宪的"增乘开方法"是我国古代数学史上最杰出的创造之一，对宋及元代数学的发展有很大的影响。

贾宪还创造了开任意高次幂的高次开方法。高次开方法要利用诸如 $(a+b)^2$，$(a+b)^3$，$(a+b)^4$，$(a+b)^5$ 等的展开公式，最关键的在于知道各高次方展开式各项的系数。贾宪在他的"开方作法本源图"中不仅给出了这些公式的系数，而且给出了求解这些系数的方法，仍使用开平方、开立方中所用的随乘随加的"增乘"方法。"开方作法本源图"是一个由数字排列成的三角形数表，如：

$$
\begin{array}{ccccccccccccc}
 & & & & & & 1 & & & & & & \\
 & & & & & 1 & & 1 & & & & & \\
 & & & & 1 & & 2 & & 1 & & & & \\
 & & & 1 & & 3 & & 3 & & 1 & & & \\
 & & 1 & & 4 & & 6 & & 4 & & 1 & & \\
 & 1 & & 5 & & 10 & & 10 & & 5 & & 1 & \\
1 & & 6 & & 15 & & 20 & & 15 & & 6 & & 1 \\
\end{array}
$$

其中每一个横行都表示着 $(a + b)^n$ 展开公式中的系数。这一数表在西方数学史中称为"帕斯卡三角"。在帕斯卡（1623—1662）之前，中亚数学家阿尔卡西就曾得到过（1427），欧洲最早得到的是德国数学家阿皮纳斯（1527）。贾宪的创造比他们要早出几百年。

贾宪的增乘开方法可以用来求得任意高次展开式的系数，因而也就可以用这些系数进行任意高次幂的开方。杨辉的《详解九章算法》就曾记载一个四次幂的开方问题，就是 $\sqrt[4]{1336336}$ ，也相当于求解方程 $x^4 = 1336336$ ，$x = 34$。

贾宪所创增乘开方法仅限于解 $x^2 = N$，$x^n = N$ 之类的二项方程，而且方程未知数的系数和实根全是正数。据杨辉记载，12 世纪北宋数学家刘益的《议古根源》中讨论了含有"负方"和"益隅"，即形如 $x^2 - ax = b$ 及 $-x^2 + ax = b$ 的两类方程（其中 $a > b$，$b > 0$），并创造了以"益积术""减从术"解这两类方程的方法。虽然两种方法都不是增乘开方术，但"减从术"比较接近于增乘开方法。其实，刘益的《议古根源》有一道用增乘开方法求益隅四次方程的例题：$-5x^4+52x^3+128x^2=4096$。刘益的方程不是一般的四次方程，首项系数既是负数，又不是"1"，这在解数学方程方面是一个很大的突破。这是历史上最早用增乘开方法来求任何数字方程的正根。后来南宋的秦九韶在他的《数书九章》中，把高次方程求正根的增乘开方法发展到了十分完备的程度。

秦九韶以前的数学家认为"实"是已知量，为正数，相当于常数项在等式的右端。秦九韶认为"实"最好和未知数放在一起，正负抵消，组成开方式，可以把增乘开方法的随乘随加贯彻到底。因此他规定"实常为负"，这样他的开方式相当于数学方程 $f(x)=a_0x^n+a_1x^{n-1}+a_2x^{n-2}+\cdots a_{n-1}x+a_n=0$，可以求解任何数字方程的正根，他自己称之为"正负开方术"。当 $a_0 \neq 1$ 时，秦九韶称之为"开连枝某乘方"，而方程的奇次幂系数为零时，称之为"开玲珑某乘方"。开方中减根后的常数项一般越来越大，而接近于零，但有时常数项会由负变正，有时常数项符号不变，而绝对值增大。开方得到无理根时，秦九韶发挥了刘徽首创的继续开方计算"微数"的思想，用十进小数作无理数的近似值，这在数学史上是最早的。

2. 天元术

用求解方程的方法解决实际问题，首先要设未知数，再按问题所列条件列出包含未知数的方程，然后才解方程，求未知数。在上文中贾宪、秦九韶创造的增乘开方法是求解任意高次方程的普通解法。随着求高次方程正根的增乘开方法日臻完备，列方程的方法——天元术也逐渐发展起来。

在天元术之前，数学家们只能借助于文字列某些高次（三次）方程，思维过程和叙述方式极为复杂，随着要解决高次方程的增多，迫切需要创造一种简捷的列方程的方法。宋代有关天元术的许多著作都失传了，现存的有金代李冶的《测圆海镜》（1248）和《益古演段》（1259）。

用天元术列方程的方法是：首先"立天元一为某某"，就是设现在的未知数 x 为某某，然后依据问题的条件列出两个相等的天元式（就是含这个天元的多项式），把这两个天元式相减，就得到一个天元开方式，就是一端是零的高次方程式。最后用增乘开方法求这个方程的正根。天元术与现今代数方程的列法是一致的。欧洲在 16 世纪才开始做到这一点。

在当时，所有用天元式表示出来的方程，都写成有理整式方程的形式。如果遇到无理式，总是用乘方消去其根号，使之有理化；遇到分式，则总是通分变为整式后，再进行求解。

3. 大衍求一术

大衍求一术就是求解联立的一次同余式问题，被世界上称为"中国的剩余定理"。宋代《孙子算经》中的"物不知数"题，作为数学游戏在民间广泛流传："今有物不知其数，三三数之剩二，五五数之剩三，七七数之剩二，问物几何？"即有种东西的数目，用三个一数余二，五个一数余三，七个一数余二，问这东西的总数是多少。这是简单的一次同余组问题，相当于求解 $N=2$（mod3）$=3$（mod5）$=2$（mod7）。

秦九韶在《数书九章》中详细、系统地介绍了"大衍求一术"求解一次同余式问题，用现代的表示方法为：已知某未知数 N 分别被 A_1，A_2，$\cdots$，A_n 除时，其余数为 R_1，R_2，$\cdots$，R_n，即已知同余组 $N=R_1$（modA_1）$=R_2$（modA_2）$=\cdots R_n$（modA_n），求解满足上列一次同余组的最小正整数 N。秦九韶对除数可以是正整数、分数或小数的情况都给出了圆满的解法。首先要"连环求等"，就是指 $A_1\cdots A_n$ 为正整数时并不一定任意两个都是互素，连环求等就是要通过接连求出每两个数的最大公约数，将其化成一组两两互素的数，并"约为定母"，还要使这组数的乘积是 $A_1 \cdots A_n$ 的最小公倍数，称为"衍母 M"，然后即可用大衍求一术求解。

以"物不知数"为例，由于 3，5，7 除数为两两互素，不必用连环求等，即除数 a_1，a_2，$\cdots$，a_n 两两互素，衍母 $M=a_1$，a_2，$\cdots$，a_n，所以 $M=3 \times 5 \times 7=105$。

衍数 $G_i=M/a_i$，$G_i=105/3=35$，$G_2=21$，$G_3=15$

求余数 g_i，由 $G_i=g_i (\mathrm{mod}\, a_i)$ 所以 $\begin{cases} 35=2（\mathrm{mod}3） & g_1=2 \\ 21=1（\mathrm{mod}5） & 得到\quad g_2=1 \\ 75=1（\mathrm{mod}7） & g_2=1 \end{cases}$

乘率（K_i）是解决一次同余组问题的关键，它必须满足 $K_i g_i=1(\mathrm{mod}\, a_i)i=1，2，\cdots，n$。秦九韶的主要贡献就是解决了 $K(i=1，2，\cdots，i)$ 的基本求法。其方法为：先由 $\dfrac{M}{p_i}$ 累减 $p_i=（i=1，2，\cdots，i）$ 直到余数 $G<p_1$ 为止。这时得到 $G=\dfrac{M}{p_i}（\mathrm{mod}\, p_i）$。最后，以辗转相除法求出 K_i。

对于"物不知数"很易得出 $K_1=2$，$K_2=1$，$K_3=1$；

用 数 $u_i=K_i g_i=K_i M/a_i=u_1 R_1+u_2 R_2+\cdots+u_n R_n$，所以 $u_1=70$，$u_2=21$，$u_3=15$；

总数 $s=K_1 MR_1/a_1+K_2 MR_2/a_2+\cdots+K_n MR_n/a_n=\displaystyle\sum_{i-1}^{n} K_i MR_i/a_i$

对于"物不知数"，$S=u_1 R_1+u_2 R_2+u_3 R_3=233$；

若 $S>M$，则从 S 中减去 M 的若干倍，得到小于 M 的余数 N 即为所求。

若 $S<M$，则取 $N=S$ 作为一次同余组的解。

对于"物不知数"而言，$233>105$，则 $S>M$。

$N=233-105 \times 2=23$ 即为所求。

《孙子算经》中的"物不知数"是较为简单的一次同余组问题。中国古代历法推算上元积年，则要求解复杂的一次同余组。元、明以后的历法废去"上元积年"的算法，基于历法需要产生和发展的大衍求一术也逐渐失传了。秦九韶在《数书九章》中系统地总结和发展了一次同余组解法"大衍求一术"，这是我国古代数学的杰出成就，在世界数学史上也占有重要地位。在西方，直到18—19世纪，著名数学家欧拉和高斯才对一次同余组进行详细研究，得到与"大衍求一术"相同的结果，并给出严格的证明。这比《数书九章》晚了近五百年。在大衍求一术中，计算过程的一个关键步骤是求出满足条件 $K_iG_i=1$（$\mathrm{mod}\ a_i$）的诸乘率 K_i。在这里因余数为1，故命名为"求一术"。

4. 隙积术

中国古代数学家很早就注意到等差级数问题。宋代对高阶等差数的研究取得了辉煌的成就。宋代关于高阶等差数列的研究最早是由沈括开始的。沈括在他的《梦溪笔谈》卷十八"技艺"中记述了他对隙积术的研究结果。

沈括在《梦溪笔谈》中指出，所谓"隙积"就是指有空隙的堆积体，如垒起来的棋子，一层层筑起来的阶梯形土、石台，酒店堆积起来的坛子等。它们的形状都与"刍童"相仿，像扣在地上的斗，但边缘有亏缺，中间有空隙，而"刍童"是上下底都是长方形的棱台体。他指出，"刍童"的体积是用上长的2倍与下长的和，乘以上宽为第一项；下长的二倍与上长的和，再乘以下宽为第二项；把这两项相加，乘以高，最后再用6除。沈括经过思考认为，若用"刍童"来计算堆积的总数，算出来的数值要比实际的小。他认为应该在"刍童"法求出的数值之后，再补加一项。这一项是下宽与上宽之差，乘以高，再用6除所得的数值。

用现代的符号表示，即上底宽是 a 个物体，长是 b 个物体，下底宽为 c 个物体，长是 d 个物体，高是 n 层的堆垛物体总数（S）应该是：

$$s=ab+(a+1)(b+1)+\cdots+cd=\frac{n}{b}[(2a+d)a+(2d+b)c]+\frac{n}{6}(c-a)$$

沈括虽得到这一公式，但没有明确的证明。

沈括"隙积术"所包含的思想是深刻的。首先他把垒棋、积罂类比于层坛，也就是把求离散个体的累积数化成求层坛的体积值。从这一方法可以看到，早在 11 世纪，沈括已初步具备了用连续模型来处理离散问题的思想。其次在求层坛的体积公式时，运用扣除一个虚设的刍童体积的方法来求多出的体积。这样，他在刍童体积公式基础上用"隙积术"建立起高阶等差级数求和的公式。

1261 年，杨辉在《详解九章算法》中继续对这个问题进行了研究。但他没有创造性的结果，只得到三个高阶等差级数公式：

① $s=1^2+2^2+3^2+\cdots+n^2=n(n+1)(n+1/2)/3$

② $s=a^2+(a+1)^2+(a+2)^2+\cdots+d^2=n[a^2+d^2+ad+(d-a)/2]/3$

③ $s=1+3+6+10+\cdots+n(n+1)/2=n(n+1)(n+2)/6$

这实际上是沈括公式的几种特例情况。

5. 会圆术

会圆术是沈括在《梦溪笔谈》中首先提出的，是我国古代数学史上第一个由弦和矢的长度求弧长的比较实用的公式。沈括指出古时只用平分一个圆的方法拆开计算弧长，这样，再会合起来误差就可能达到 3 倍。他设有一圆，用其半径作为直角三角形的斜边，又以半径减去所割圆弓形的高，得到的差作为直角三角形的一个直角边，再用斜边的自乘减去直角边的自乘，得到的差再开方，然后二倍起来就得到所割的圆弓的弦长。另外把所割的圆弓形的弦长的高自乘，再乘以 2，然后再除以圆的直径，把所得的商与圆弓形的弦长相加，就得到所割圆弓形的弧长。用现代数学的符号表示，设 c 为弦长，d 为直径，h 为圆弓形高，s 为弧长，则计算公式表示为：

$$弦长\ c = \sqrt[2]{\left(\frac{d}{2}\right)^2 - \left(\frac{d}{2} - h\right)^2}，\quad 弧长\ s \approx 2h^2/d + c$$

在会圆术中，沈括给出了简单、实用的计算圆弧长的近似公式，并且可以证明，当圆心角不超过 45°，其相对误差小于 2%，便能达到较高的精度。沈括还指出："凡圆田，既能拆之，须使会之复圆。"提出用整体复原来检查局部分割的原则，表明他已经初步认识到分与合的辩证关系，这也是他取得这一成就的重要原因。

考察会圆术的思想实质会发现，早在《九章算术》中已经有计算圆弓形（弧田）面积的近似方法，若仍按上文的符号表示，圆弓形面积 $\approx 1/2\ (ch + h^2)$，圆扇形的面积为 $\frac{1}{2}\ (ch + h^2) + \frac{1}{2}\ c\left(\frac{d}{2} - h\right)$。另一方面，当弧较小时，上述扇形面积可以用以弧长为底边，半径为高的直边三角形的面积近似计算，这就能够导出会圆术的公式 $s \approx c + 2h^2/d$。从这一分析可以看到，建立会圆术的主要思想是在局部上以直代曲。另外，公式还说明，当弧长逐渐缩小直到变成零时，弧和弦即曲线和直线最终等同起来。这是对刘徽割圆术思想中 $s \approx c$ 的一个重要发展，说明北宋时期的沈括已初步接触到了现代数学中微分的思想。

6. 其他

沈括在《梦溪笔谈》中曾谈到计算围棋的棋局有多少种局面，发现数目太大，不能用现有的大数名称来表达。若棋横直二路，有四个用子位置，就有 81 种棋局，即 4^{34} 种；若棋盘六路见方，有 36 个用子位置，可以变出"十五兆九十四万六千三百五十二亿九千六百九十九万九千一百二十一局"，即 3^{36}=150094635296999121 种；如果棋盘在七路以上，就无法用已有的大数名称表示了。而围棋棋盘横直各十九路，共有 19×19 即 361 个用子位置。

沈括还给出了计算棋局的三种方法。先考虑一个用子位置有黑、白、空三种变化，每增加一个用子位置，就乘上 3，一直增加到 361 个位置，每次都乘 3，即 3^{361} 为棋局总数；另一算法为先算出沿边的一行作基数，计算有 3^{19} 种局，为基数 A，每加一行，用这个基数乘一次，乘满 19 行，就得到了。此外，还可以拿前文说的基数自己相乘，即 A^2，这个数放在上位与下位上，用下位乘上位数，再乘以下位数；再把这个新数放在上位上，下位也放上这个数，用下位的数字乘上位数，再乘以下位数，再用基数乘一次就得到棋局总数，即第一次乘后上位为 A^2，下位为 A^2，第二次乘后得 $A^4×A^2=A^6$。重新置数后 $A^6×A^6=A^{12}$，$A^{12}×A^6=A^{18}$，$A^{18}×A=A^{19}=3^{361}$。沈括还指出这种方法计算较快。

沈括在文中写道，考虑通盘 361 个用子位置，大约要写 43 个（原文中为 52 个）万字，便是棋局总数。用现代数学对数计算 3^{361}，可知 3^{361}=1.7×(1000)^{43}，大数为连写 43 个万字。在这里，沈括用排列组合的数学方法来计算千变万化的棋局总数，并提出用数量级的概念来把握大数 3^{361} 的方法，虽然计算的万字级上有偏差，但在当时是个惊人的壮举。

沈括在《梦溪笔谈》中还记载了北宋初年产生的一种增成代除法，其中只需进行加减运算，可以避免使用乘除，只要补亏就盈即可。提出"欲九除者，增一便可；八除者，增二便是"。这就是后来发展为珠算口诀的"九一下加一；八一下加二"。他还指出位数较少时这种方法较为简捷，位数较多就繁了，不及乘除。并辩证指出"然算术不患多学，见简即用，见繁即变，乃为通术也"。

宋代数学书上值得一提的特殊内容为纵横图，现在称之为"幻方"。就是将 n^2 个连续的自然数安置在 n^2 个格子中，使纵、横、斜各线的诸数之和相等。杨辉的《续古摘奇算法》（1275）中记载了四、五以至十行的幻方，现摘录七行、九行、十行的幻方图。纵横图构造也很巧妙，有兴趣的读者不妨研究一下构造的规律。

七行图（纵横斜 175）

46	8	16	20	29	7	49
3	40	35	36	18	41	2
44	12	33	23	19	38	6
28	26	11	25	39	24	22
5	37	31	27	17	13	45
48	9	15	14	32	10	47
1	43	34	30	21	42	4

九九图（纵横斜 369）

31	76	13	36	81	18	29	74	11
22	40	58	27	45	63	20	38	56
67	4	49	72	9	54	65	2	47
30	75	12	32	77	14	34	79	16
21	39	57	23	41	59	25	43	61
66	3	48	68	5	50	70	7	52
35	80	17	28	73	10	33	78	15
26	44	62	19	37	55	24	42	60
71	8	53	64	1	46	69	6	51

百子图（纵横斜505）

1	20	21	40	41	60	61	80	81	100
99	82	79	62	59	42	39	22	19	2
3	18	23	38	43	58	63	78	83	98
97	84	77	64	57	44	37	24	17	4
5	16	25	36	45	56	65	76	85	96
95	86	75	66	55	46	35	26	15	6
14	7	34	27	54	47	74	67	94	87
88	93	68	73	48	53	28	33	8	13
12	9	32	29	52	49	72	69	92	89
91	90	71	70	51	50	31	30	11	10

纵横图在古代只是一种数学游戏，近年来发现它在实验设计、组合分析等领域均有实用价值。

（三）数学家及其著作

北宋贾宪、刘益等人的著作已失传，故主要介绍南宋的秦九韶、杨辉及其著作。

1. 秦九韶与《数书九章》

秦九韶（1202—1261），南宋数学家，普州安岳人。其父秦季西曾为绍熙四年（1193）进士。他性格"豪宕不羁"，"性极机巧，星象、音律、算术以至营造等事，无不精究。游戏、毬、

秦九韶

秦九韶，鲁郡（今河南范县）人，与李冶、杨辉、朱世杰并称"宋元数学四大家"。

马、弓、剑，莫不能知"。他在《数书九章》的自序中，叙述他小时候曾随父到杭州，向太史局（主管天文历法的机构）的官员学习天文历法，并从隐君子处"学数学"。他所创的大衍求一术可能就是他总结天文历法计算上元积年的结果。《数书九章》成书于 1247 年，正值兵荒马乱的年代，是在长期艰苦的环境中写成的。

《数书九章》共 18 卷，全书分九类，每类九个问题，共 81 题。

第一类为"大衍"，即"大衍求一术"，在前文中已详细介绍。

第二类为"天时"，主要内容为推算古代历法中的上元积年、五星运动以及计算雨量、雪量等方法。《数书九章》卷四"天池盆测雨"题中的"天池盆"，是世界上现有记载中最早的雨量计。

《数书九章》

《数书九章》全书采用问题集的形式，并不按数学方法来分类。其在数学内容上颇多创新，是对《九章算术》的继承和发展，标志着中国古代数学的高峰。

第三类为"田域"，计算土地面积。在《数书九章》卷三中求解环形、大圆和小圆三个图形的面积，其中运用了将含有无理数系数的方程化成整系数方程的方法。

第四类为"测望"，主要涉及勾股重差问题。

第五类为"赋役"，主要是粟米互易、各种粮食及加工后的换算。卷九中提到复邑修赋术，题目大意为某海滩地冲毁后重新淤成，按肥瘠程度分给新设的六乡，然后按冲毁前的交纳赋税的数字，求这六年应交的夏税、秋税和附加税。这实际上是比例分配问题。

第六类为"钱谷"类，计算粮食转运、仓窖容积等。

第七类为"营建"，涉及工程施工中的数学问题。

第八类为"卑族"，主要是关于军事方面设营、布阵、后勤等方面的计算问题。

第九类为"市易"，主要是关于交易和利息计算等问题。

此外，《数书九章》还反映出秦九韶继承了贾宪的"增乘开方法"。书中的"开方图"表明了求解高次方程时用算筹进行演算的整个运算过程。他提出了"正负开方术"，将增乘开方法发展成一种完整的高次方程数值解法，这是中国数学史的重要成就。在西方直到 1819 年英国数学家霍纳才创造了类似的方法，比秦九韶晚五百多年。

2. 杨辉及其著作

杨辉，南宋末年数学家，著有《详解九章算法》12 卷（1261）、《日用算法》2 卷（1262）、《乘除通变本末》3 卷（1275）、《田亩比例乘除捷法》2 卷（1275）、《续古摘奇算法》2 卷（1275）。

杨辉的著作收录了宋代 18 种数学著作的一些问题和算法，诸如贾宪的《黄帝九章算法细草》、刘益的《议古根源》、平阳（今山西临汾）蒋周的《益古集》、鹿泉（今河北获鹿）石信道的《钤经》等，现在都已失传。杨辉所著的《详解黄帝九章》，又称《详解九章算法》，全书共 12 卷，除了《九章算术》原九卷外，又增加了"图""乘除算法""纂类"共三卷。可惜的是已有部分流失，仅存"商功""均输""盈不足""方程""勾股""纂类"等。《详解九章算法》的各卷由解题、细草和比类三部分组成。解题是关于《九章算术》原题的校勘和解释，还包括名词解释和对某些问题的评论；细草包括图解和算草（即具体的演算过程）；比类的主要内容是南宋时期比较流行且与《九章算术》原题解法相类似的问题。在"纂类"中，杨辉还对《九章算术》的 260 个问题，按照所运用的数学方法重新进行了分类，这在当时也是一个创举。《详解九章算法》还记载了现已失传的多种数学著作中的一些问题和解法，保存了许多宝贵的宋代数学史料，使我们对当时数学发展有了较多的了解。例如其中记载了贾宪三角形（即二项式定理系数表，贾宪称为"开方作法本源图"，西方称为"帕斯卡三角形"）、早期的增乘开方法（高次方程数值解法）和垛积术（高阶等差级数求和公式）等，都是中国古代数学史上的杰出成就。《详解九章算法》的编著体例对后世教学著作的编写有相当大的影响。

杨辉的《日用算法》可惜已经失传了。据其他文献记载可知，它的主要内容有度量衡换算、丈量土地、仓窖容积、建筑工程等与日常生产和生活密切相关的数学问题。在《日用算法》中还有杨辉编写的"诗括十三首"，用诗词的形式来表达某些数学问题和数学方法，生动活泼，便于学习和记忆。杨辉的这种做法，在中国数学史上是比较早的，后来有了更广泛的运用。

《乘除通变本末》《田亩比类乘除捷法》与《续古摘奇算法》合称《杨辉算法》。

杨辉的《乘除通变本末》分为《算法通变本末》《乘除通变算宝》《法算取用本末》三卷。主要内容包括"单因""重因""九归""加减代乘除""求一"等各种筹算乘除捷法。筹算乘除的这些简捷算法，反映了当时简化算术运算的实际需要，后来演变成珠算的歌诀。在《乘除通变本末》卷上《算法通变本末》中，有一个"习算纲目"，是一份为初学数学者提供的数学教学大纲。它主张由浅到深、循序渐进的学习方法，重视培养学生的计算能力。这是数学教育史上的一篇重要文献。杨辉主张"算无定法"，"随题用法者提，从法就题者拙"，这也是应该予以肯定的。杨辉在《田亩比类乘除捷法》一书中运用刘益在《议古根源》中提出的"正负开方术"，解决各种二次和四次方程的求根问题。杨辉的这部著作中还对《五曹算经》等其他一些数学书里的问题和解题方法，做了实事求是的分析和批评，对后世数学研究产生了良好的影响。

《续古摘奇算法》是杨辉选择各种算书中一些比较有趣的问题编辑而成的，并对各题补作了演算。这部数学著作内容比较庞杂，其中包括各种类型的纵横图、鸡兔同笼问题、百鸡问题，以及刘徽《海岛算经》中的重差术的证明等。前文中所列的杨辉的纵横图，现代称为"幻方"或"魔方"。就是把从 1 到 n 个自然数，排成纵横为 n 个数的方阵，使同行、同列与同一对角线上 n 个数的和都相等。《续古摘奇算法》中列出了 n 从 3 到 10 的纵横图。它在古代仅是一种精巧数学游戏，到现代才发现它的实际应用价值。

总之，杨辉是一位多产的数学家，他的著作全面地反映了当时中国数学的发展水平及中国古代数学的辉煌成就。

物理学

十一

（一）力学

沈括的《梦溪笔谈》中有大量关于力学的阐述，记述了纸游码共振实验。苏颂的《新仪象法要》是宋代又一部与力学有密切关系的科学专著，书中对天文仪器、计时仪器的描述、记述，充分表现出当时人们所具有的应用力学的水平。他的"水运仪象台"堪称古代科技史上的奇迹，其中的"天衡"机构，实现了人们长期以来追求的控制机械等速运动的愿望，并影响到后世有关钟表的制造。

曾公亮的《武经总要》，不仅详细记载了世界上最早的战争用火药的配方，它所涉及的管形枪炮、军事机械、器具使用、船舶制造，表现出当时高度的力学技巧，尤其是对"猛火油柜"的描绘，是古代液压油泵的创举。李诫的《营造法式》，首次提出了以作用力大小与作用距离长短联合起来计量工作量。书中不仅描述了木结构及斗拱、榫卯结构特点，而且定量地提出了横梁高宽比例，达到了古代材料力学的最高成就。宋代福建泉州万安桥、山西应县木塔及北京的虹桥都体现出当时人们对力学知识的掌握程度。

1. 力的平衡

宋代的欹器，又称"宥坐之器"，或"右坐器"，或"劝戒之器"。当欹器空时，器身倾斜；当注入一半水时，由于重心下降到器身下半部，因此器身自动正立；当注水满器时，又由于重心上升，器即倾覆。所谓"虚则欹，中则正，满则覆"是也。

欹器

欹器是一种计时器，类似沙漏。其双耳可穿绳悬挂，底厚而收尖，利于空瓶时向下垂直；口薄而敞开，利于盛满大量的水时而倾倒。

春秋末期欹器便在宫廷中盛行，可惜的是三国战乱期间失传，后来魏晋南北朝、隋、唐不少人都研制过欹器。

时至宋代，燕肃（《宋史·燕肃传》）及徐邈（生卒不详）都曾制造过欹器。该器送到宋太宗（976—997年在位）手中，盛水实验，发现"增损（水）一丝许，器则随欹；合其中，则凝然不摇"（文莹《玉壶清话》）。

南宋的赵希鹄认为，鉴别古代欹器重要的技术关节是：支点（环）必须在重心（腹部）偏下处。这是对其原理极好的总结，它反映了古代对重心平衡的认识。

力的平衡问题在古代建筑中表现得尤为突出。宋代建筑师喻皓曾在开封造过斜塔，他根据当时开封"地平无山，而多西北风"的自然条件，设计建造的开宝寺塔，有意识地向西北方向倾斜。别人问起时，他说"吹之不百年当正也"（欧阳修《归田录》）。他考虑到在长期风力的作用下，塔沉陷不均匀，势必造成坍塌。因此，他有意识地使塔的重心轴与地平面不垂直，让风力作用和地面沉陷的总效果使塔逐渐恢复垂直状态。这是我国古人有意识地运用力的平衡原理的结果。

2. 运动

中国的古人在理论上虽然不懂动量矩守恒原理，但他们却能够建造出符合这种原理的建筑物。利用动量矩守恒原理，使一个巨大而沉重的建筑物轻而易举地转动起来，这种建筑物外形上类似于宫灯或园林中别致的小亭，称为"转轮藏"，这是佛寺中一切藏经书架的通用名。一般历史上的轮藏矢多靠人力或畜力牵引，而自动旋转藏并不多见。

转轮藏
转轮藏位于北京市颐和园万寿山上。转轮藏始建于乾隆年间，1860年和佛香阁一起被焚毁，光绪年间重建。

在河北省石家庄市隆兴寺有一个转轮藏殿。这是三间正方形的木结构建筑，分上下两层：下层有径约 7 米的转轮藏；沿轮藏后楼梯可达上层，上层陈列佛像、佛经。转轮藏的结构主体是一根中心轴，其上端安装在二层楼板上，下端安装在地面圆池之中。轮轴为木质，下端呈尖形，包裹着铁料。支持轮轴下端的是一个特制的生铁轴托，埋于圆池之中。藏身为八角形，由八根内柱、八根外檐柱，以及众多横坊及斜木构成；在地面以下的圆池中的那一段轮轴，安装着众多木质斜撑，以此支撑着整个藏的转动台面。藏的外观为重檐的亭子形，下檐八角形，上檐圆形。该藏由于年久失修，现在只剩下藏的骨架和斗拱。1978年修隆兴寺摩尼殿时，发现许多题记，证明摩尼殿建于北宋皇祐四年（1052）。

《营造法式》一书中留下了极其细密的转轮藏的外形图样，并叙述了它的制作规范。根据李诫的描述，隆兴寺的转轮藏与《营造法式》所载除大小尺度之外，其他结构弯曲相同。

隆兴寺转轮藏的奇妙之处在于：只要有人在台上绕轴转着走动，并无人力、水力、畜力的牵动，轮藏就会慢慢地以反方向转起来。显然这是动量矩守恒原理的应用。

现在我们知道，绕固定轴转动的刚体的动量矩为转动惯性和转动角速度的乘积，在无外力矩作用时，动量矩应当保持恒定。站在藏台上的人和轮藏本身共同构成一个刚体整体，人绕轴顺时针走动的效果，必然要引起转轮藏反时针方向的转动，以维持其整体的动量矩守恒。这样，只要在轮藏内有一个人绕其轴走动，外表看来是庞然大物的轮藏就缓慢地反向转动；由于惯性缘故，随着人在轮藏上走动时间越长，走动越快，轮藏本身也越转越快。这在缺乏科学知识的虔诚的信徒看来，可真是"佛法无边""佛转法轮"了。而且由于转轮藏周围装饰严密，人们也许看不到藏内有人走动，因此就更显得无比神奇了。

3. 材料和结构

在人的进化和社会发展过程中，人们通过使用不同的材料，在长期的实践中形成了很多经验性的法则，它构成了古代材料力学的一个方面。

古人在利用材料、使用材料中，认识并总结出材料的一般性质。沈括就曾在《梦溪笔谈》卷二十一《宝剑》中描述了一种钢的弹性形变的特性：宝剑"用力屈之如钩，纵之铿然有声，复直如弦"，"若其灵宝，则舒屈无方"。

古代人很早就巧妙地制造、使用复合材料：用草中加泥来盖房，用几种材料镶嵌、包裹、粘连在一起制造弓，用篾绳和细竹心编织成篾索等。其中，有一种特殊的材料，可以称之为"生物力学材料"，即利用海中软体动物牡蛎着生岩礁的特点，在浅海沙滩堆放巨石，于其上培植牡蛎，使松动的石堆成为坚固的蛎山，以此作为坚固的桥墩。前文曾提到的建于宋代皇祐五年（1053）到嘉祐四年（1059）间的福建泉州万安桥（也称"洛阳桥"）的桥墩，就是这样建成的。据《宋史·蔡襄传》记载，蔡襄"徙知泉州，距州二十里万安桥，往来畏其险。襄立石为梁，其长为三百六十丈，种蛎于础以为固，至今赖焉"。史籍还记载，当时"石桥下令居民种蛎固之"，此后还下令在桥墩"严取蛎之禁"。将海洋软体动物牡蛎和巨石人为地结合成一种材料，这确实是古代中国人的一大创造。

中国古人大概在商代就开始在建筑中使用方形梁，但选择怎样的截面高宽比的横梁才能达到最佳的强度效果呢？宋代李诫的《营造法式》最早提出了合理的解答。他写道："凡梁之大小，各随其广分为三分，以二分为其厚。"也就是说，无论何种类型的建筑用梁，其截面的高宽比为 3∶2。这一比例数字，是我国古代力学的重大成就之一。

直到 18 世纪，英国物理学家托马斯·杨（Thomas Young，1778—1829）才发现并证实：刚性最大的梁截面高宽比为 3∶1，强度最大的梁高宽比为 2∶1。而李诫提出的 3∶2 在这二者之间，可能是他既考虑到梁木的刚度，又考虑到其强度。

我国的木结构建筑有自己的特色，并包含了丰富的结构力学知识。殷商时代木构建筑已初具规模，历经唐、宋的发展，木构建筑已有许多规范和法式。北宋喻皓《木经》（已流失）及李诫的《营造法式》对古代木构建筑规范作了极好的总结。古人虽没有从事结构整体的力学分析及计算，但他们的实践成就已经表明了他们所具有的丰富知识。我国古代木构建筑的特色之一就是采用斗拱作为柱与梁的交接点。屋顶重量由一系列立柱支撑，而每一横梁和立柱之间的平衡由各种精巧的斗拱维系着。加在立柱顶端的一层层弓形承重的短枋，称为"拱"；在拱和拱之间的方形木块称为"斗"。到唐、宋时期，横梁和柱之间的连接完全靠斗拱来完成，斗与拱通过榫卯而纵横叠加。从斗拱在建筑中特殊的力学作用来看，梁与柱头上之间斗拱是必须同时承受来自纵横两个方向和来自下部柱身方向的外力，在这几个方向上斗拱与其他构件都不是刚性的，而是通过榫卯联系起来的。斗拱形式的接点是一种柔性节点，在受到巨大外力作用时，构件可以彼此错动而不会彻底遭到破坏，当外力解除时便又恢复原状[①]。同时，梁与柱之间的榫卯接合具有和斗拱相同的力学原理。建于辽道宗清宁二年（1056）的山西应县木塔的六层塔楼中，为了适应每一层的高度、开间、进深和出檐等不同情况，使用了五十多种不同形式的斗拱。可见斗拱在木结构的连接点上极大地发挥了其重要性和灵活性，其中的力学原理令人赞叹不已。

① 郭黛姮. 自然科学史研究. 第二卷，1983（4）：370.

中国古代的桥梁技术中表现出了惊人的力学成就。如悬臂桥外形类似"八"字撑架，虹桥类似三角形木构架。悬臂桥要求材料抗弯性能好，桥墩要有较大的压力，以平衡桥负载后的向上反作用力。虹桥实质上是拱形木桥，其拱架中的横木起着分配拱架内力的作用。又如梁式桥，又称为"抗弯桥"，古人在材料的选择上表现出了惊人的成就。福建泉州的万安桥（又名"洛阳桥"）是世界上保留最古老的石梁桥之一。据近代实测，全桥长 834 米，有 46 个桥墩，原桥全用花岗石板，全部石料重达 2030 吨。富格耳—迈耶（Fugl-Megel）曾对建桥巨石的抗弯强度进行过理论计算（《宋史·僧怀丙传》），表明如按红花岗石每平方时 437 磅到灰花岗石每平方时 1010 磅计算，若石梁重为每立方时 160 磅，桥面所加最大载重为每平方时 80 磅，并以最佳应力数（每平方时 1010 磅）计算，得到一块单孔梁的极限长度为 74 英尺（约中国市制 6.77 丈）。这个结果恰好与福建万安桥的最大孔径长相符。可见，宋代的桥梁家在不断的实践中已经摸索到石材使用的最高限度。

我们知道，古人卓越的造船技术也反映了他们对力学知识的认识和应用。中国的古船有船壳、龙骨、大檣、隔舱板等重要构件，龙骨和大檣是船体主要受力构件。中国古船最大的特点就是由龙骨、大檣维持船体结构的纵向强度，由隔舱板和少量枋维持其横向强度。中国古人受木构建筑的启发，在船壳板、隔舱板的接合上采用卯和钉两种接合工艺。近年在泉州考古发现的宋代海船，都采用了榫接和钉接相结合的方法。在泉州法石出土的宋代海船底板、舷侧板分别由三层和二层板叠合而成。二层船壳皆为搭接式结构。这种铁钉加榫合的联结工艺，保证了船体结构的坚固性，这也是当时世界上最先进的技术成就之一。

4. 机械结构设计中的力学

我国古人很早就能够熟练地使用杠杆、滑轮、辘轳、滚动轴承、齿轮等简单的机械。到了宋代，人们已能够将各种简单机械组合起来使用，从而创制了许多复杂的机械：指南车、记里鼓车、水力鼓风机、水转大纺车及各种形式的天文钟等。

天文钟
天文钟是一种能用多种形式来表达天体时空运行的仪器。天文钟既能表示天象，又能计时。后世的钟表即由此演变而来。

指南车是一种双轮独辕车。车上立着一个木人伸臂南指。只要一开始行车，木人的手臂即向南指，此后不管是车向东或向西转弯，由于齿轮系的作用，木人的手臂始终指向南方。古时有不少人成功地制造了指南车，也有些人失败了。在宋代，燕肃于 1027 年造指南车，后来又有吴德仁于 1107 年再造指南车。

指南车上的轮和齿轮有：足轮两个，直径六尺，圆周十八尺；小轮两个，直径两寸；附足立子轮（齿轮）两个，直径两尺四寸，圆周七尺两寸，齿距三寸，齿数 24 个；左右小平轮（齿轮）两个，直径一尺四寸，圆周十四尺四寸，齿距三寸，齿数 48 个。所谓"足轮"就是车脚轮，是着地回转的行走元件。"小轮"是滑车。"附足立子轮"是附在足轮上的齿轮。"中心大平轮"是平放在车厢当中的大齿轮，这个大齿轮的轴向上伸出，轴上立一个木人。中心大平轮转多少度，轴上的木人同样也转多少度。"左右小平轮"是两个小齿轮，分装在中心大平轮的两边，起传动作用。当车一直向前行驶时，左右小平轮和中心大平轮是分离的，不相接触。因此两边足轮的转动不影响中心大平轮。当车辆向左转弯时，辕的前端向左移动，辕的后端向右移动，辕后端的绳向右经过滑车，把右边的小平轮放落，和中心大平轮相接触。结果中心大平轮受右边车轮的影响向右转动，恰好能抵消车辆向左转弯的影响，使木人手臂所指的方向不变，仍旧指向南方。由此可以看出，指南车的关键在于中心大平轮和附足立子轮或联或断的设计。

记里鼓车，又名"大章车"，是利用车轮带动大小不同的一组齿轮，使车轮走满一里时，有一个系轮刚好转一圈，并拨动车上木人打鼓一次。《宋史·舆服志》有过记载，宋天圣五年（1027）卢道隆记里鼓车有足轮、立轮、下平轮、旋风轮、中平轮、小平轮、上平轮等。

记里鼓车的整个齿轮系是和车辆同行同止的。只要车轮一转动，整个齿轮系就随着转动，车轮一停下来，整个齿轮系也就停下来。足轮直径六尺，转一周车行 18 尺；足轮转 100 周，车行 180 丈，恰合一里之数。足轮、下平轮、旋风轮和中平轮（齿轮）等四个齿轮的齿数分别为 18、54、3、100。车行一里，中平轮只转一周，在中平轮的轴上装上一个起凸轮作用的拨子，拨动木人的手臂，就可以使木人击鼓一次。如果再加上一个 10 齿的小平轮和一个 100 齿的平轮，每当车行十里时，上平轮才能转一周，它上面的拨子拨动另一个木人的手臂，使木人击镯一次。

记里鼓车本身具有一套减速齿轮系使运动变慢，最后一根轴在车行一里或十里时才回转一周；而指南车的齿轮系虽然比较简单，但它是能自动离合的齿轮系，在技术上又超过了记里鼓车。虽然从三国开始，史书上已有它们的记载，但只是到了宋代，《宋史》才有了详细的记载。

机械计时器也是简单机械联合使用的结果，它主要反映了人们在控制等速运动方面的成就。古代的计时器，一是和天文仪器相结合，控制机轮缓慢而等速地运动，演示天象变化，同时报告天体运动的时间的天文钟；二是各样的漏壶，称"水钟"；三是以燃香、点烛计量时间。机械计时器在我国有很长的发展史，宋代苏颂、韩公廉制造的水运仪象台，其规模之大，机构之复杂是世界古代史上罕见的。

5. 火药武器与火箭喷射推进技术的应用

中国是最早发明火药的国家。火药问世后，很快在军事武器上得到应用，在这个过程中，人们获得了有关爆炸力学的初步知识。

管形火器大约出现在南宋初年，陈规在《宋域录》中记述了高宗绍兴二年（1132）用竹管造的火枪。据《宋史·兵志》载："开庆元年（1159）寿春府（今安徽寿县）造突火枪，以巨木为筒，内安子窠，如烧放，焰绝然后子窠发出，如炮声，远闻百五十步。"这种用管子发射子弹的原始枪炮，在利用力学原理方面，比用机械抛掷物体的方法前进了一大步。

我国古代最早出现的火箭是 1161 年采石战役中使用的"霹雳炮"。按照现代人的观点，火箭是指以某种燃料为发射剂，借反作用原理而自行发射的装置。北宋末年烟火、爆仗的点火、爆炸就体现出了最原始的火箭的发射原理。我们知道，火药燃烧爆炸的化学过程中会产生某些气体，如二氧化碳（CO_2）、氮气（N_2）等，这些气体的喷射方向与爆仗运动方向相反，由于向后喷射气体而使爆仗本身向前快速运动。爆仗与现代火箭喷射推进原理是相同的。宋理宗宝庆元年的烟花爆仗中有一种叫"地老鼠"的东西，点燃后到处乱窜。"地老鼠""流星""起轮"这一类爆仗的出现，证明火箭原理已在烟火中表现出来，这一类爆仗和火箭在喷射方面的差别只在于钻眼线的工具和方法所导致眼线是曲是直的工艺过程。线眼曲，则火箭运动方向不定；线眼直，则火箭沿起初摆定的方向往前快速飞行。

6. 液体

（1）浮力应用

沉浸在水中的物体都会受到浮力的浮举作用，这一现象被古人充分利用。

借浮力起重，是我国古代的一个创造。建于宋皇祐五年（1053）的福建泉州洛阳桥，每根石梁重达 20~30 吨。宋人将巨大沉重的石梁放置在木排上，利用潮水的上涨送到桥墩间，潮落，木排下降，石梁就落在桥墩上。

宋僧怀丙打捞铁牛的故事流传很广，这也是利用浮力起重的典型事例。宋庆历年间（1041—1048），因河水涨泄，蒲津桥毁坏，石堤上用以维系浮桥巨缆的铁牛都沉入河中，僧怀丙在河中水浅时用（绳）"系牛于水底，上以大木为桔槔状，系巨舰于其后。俟水涨，以土石沉之，（牛）稍稍出水，引置于岸"[1]。

（2）盐水浓度的测量

盐的生产受到历代朝廷的极大重视。测定盐水的浓度与盐的生产直接相关。宋代的盐场已普遍使用莲子、鸡蛋、桃仁作比重计，根据它们在盐水中悬浮的状态来判断盐水的浓度。

乐史（930—1007）就曾经记述过，取 10 个莲子放于盐水中，"全

---

① J. Needham: Science and Civilization, Vol. 1, p136.

浮者全收盐"，该盐水的浓度
为100%，"半浮者半收盐"，
浓度为50%，浮三个莲子以
下，盐水浓度太淡，不可用
此盐水煎盐。同时，乐史也
注意到不同的莲子轻重程度
也有区别。

（3）对江河流水运动规
律的认识

莲子

莲子属睡莲科莲，属多年生水生草本的种子。其具有补
脾止泻、止带、养心安神之功效。产于中国南北各省，
自生或栽培在池塘或水田内。

古人观察、记述了涌波，
特别是钱塘江涌潮，对于它的形成给予了科学的解释。涌波，主要是由
惯性和重力造成的。在急流或缓流遇障碍物时，其动能或势能发生急剧
变化，因而产生水位升高或降低的现象。潮涌是涌波的一种。在潮水涌
波发生时，后面的波高大于前面的波高，后面的波速大于前面的波速，
从而形成陡峭的波额，甚至出现翻滚前进的活跃的水跃。

燕肃科学地抓住了潮涌的水力学本质，认为钱塘江底的沙坎，南北
亘连，成为潮流障碍，因而形成了潮涌。他的理论完全符合现代涌波形
成的理论，而且也得到了南宋时期的学者朱中有的实验证实。

朱中有是福建同安人，对潮汐现象很感兴趣，对钱塘江的考察近
五十年，他断言燕肃所谓的"沙坎成波理论"是正确的，并且进行了模
拟实验。

他先挖一条水沟，在水沟的一半处用碎石堆成一条横坎，然后在沟
渠的上头灌水，水沿沟陡泻而下。若无碎石横坎，水面水平直而下流；
因有碎石横坎，水经过时就激涌而起。这是关于涌波成因最早的水力学
实验。

7. 气体

（1）走马灯

我国古代许多对事物本质的
认识和应用都是体现在娱乐的玩
具上，如走马灯，就是利用加热
空气，造成气流，并以此气流推
动轮轴旋转。这是近代动力学诞
生前的一个创造。走马灯的发明
最晚在宋代。

走马灯就是在一个或方或圆
的灯笼中，插一根线丝做主轴，
轴上方装一叶轮，轴中央装二根

走马灯

走马灯，是中国特色工艺品，也是传统节日玩具之一，常见于元宵节、中秋节等节日。

交叉的铁丝，并在铁丝每一端粘贴上人马或一些故事剪纸。当灯笼内点
燃灯烛后，热气上升，形成空气流，推动叶轮旋转，于是剪纸随轮轴转
动。它们的影子投射到灯笼纸罩上，从外面看，"车驰马骤，团团不休"。

宋代不少诗人写诗赞美走马灯，姜夔（1163—1203）写诗赞道：
"纷纷铁马小回旋，幻出曹公大战年；若使英雄知底事，不教儿女戏灯
前。"走马灯的科学原理和现代燃气轮机是一致的。

（2）大气压现象

我们古人对大气压的认识和应用也较为广泛。前面提到漏壶的喝乌
管就是虹吸管，早在西汉时，中国人就已应用。宋代曾公亮的《武经总
要》就记述过，高山阻碍泉水流动时，取长竹管，将竹管缝用油灰黄蜡
固封，将一头插入水中5尺，在另一头烧干草或松桦，使火气从竹管内
直通到水源处，水就可以"自中逆上"。这就是利用大气负压现象的虹
吸原理。

古人还利用局部真空来拔火罐治病，这可以追溯到晋代。在后人整理的苏轼与沈括的《苏沈良方》中就有在筒内烧片纸造成真空，吸附在人体上来治久咳不愈。

宋代俞琰在其所著《席上腐谈》中，也细致地描述了拔火罐的情形。

8. 振动

（1）编钟

振动是力学重要的一部分，它的理论的历史发展与乐器的发展演变、音律学的进步密切相关。中国战国初年就产生了由 65 个钟组成的大型编钟列。中国编钟的特点有：钟体横截面并非圆形，而近似一个椭圆形；钟口弯曲成弧线，钟体外表显现两边低、中间高，钟体外表不是光滑面，而是有许多花纹和枚乳组成的等。古人对编钟形状及其发声有很深刻、精辟的认识。沈括曾就圆钟、扁钟提出他的观点，他认为"钟圆则声长，扁则声短，声短则节；声长则曲，节短处声皆相乱，不成音律"。他的解释很有道理：敲打圆钟时，产生各种频率的混合声，随后几秒，高次频音产生的分音就消失了，留下了浑沉的嗡嗡声。从音乐的角度来看，这嗡声长得令人讨厌，若连续敲打，就会发生声响的相互干扰，人们就无法分辨其乐音了。而扁钟声短而成节奏。所以，沈括这段文字准确地描述并解释了圆钟和扁钟各自的发音特点，指出圆钟在快速旋律下会发生音波相互干扰，不成音律；确认了古代扁钟的优越性。

宋代的燕肃发现，如果在钟面上涂一层厚漆，会影响钟的声音。宋代音律学家李照（11 世纪人）对钟上枚乳的作用有极好的论述。他认为枚乳的存在可以使钟的振动加快衰减，那些不必要的延长音就可以被节制。

（2）鱼洗

我国古代有一种铜盆，盆内底刻四条鱼，当用双手摩擦它的两耳时，盆内的水会喷射到空中，恰似盆底刻画的鱼搅得水花四溅。这种器具被称为"鱼洗"。我国北宋时期已出现铜质的喷水鱼洗。

仔细观察鱼洗喷水的情况可以发现，由于盛水多少和表演者摩擦技术的高低，水面上会出现各种振动花纹，水面上有4、6、8节线的驻波，手掌和两弦的摩擦是洗发生振动的激励源，通过摩擦赋予洗振动的能量。手与弦接触的位置，是振动波节的位置，由于洗的对称性，它的振动只能有偶数节线。洗内的水随周壁而发生相应的振动。在洗的振动波腹处，水的振动也最强烈，甚至随洗周壁的拍击而喷成水柱，并在水面形成定向波浪；在洗的振动波节处，水也不振动，因此浪花停止在波节数上。这样，通过水珠、气泡和浪花的停泊线，就可以看到水面不振动的节线，由此可以推测鱼洗周壁的波腹和波节的位置。盛水鱼洗使弯曲板的不可见的振动情况成为可见的，这的确是科技史上一个了不起的发明。

铜质鱼洗上刻画着四条鱼，四条鱼的口和洗的四节线振动的波腹相对应起来。四条鱼口和鱼须对应于四个波腹，鱼洗经摩擦后喷水的四道水柱就宛如从鱼口喷出，既科学又符合工艺构思技巧，将科学与美二者相结合，表明古代人确实掌握了圆形板振动的经验法则。

（3）共振现象

战国时期人们就发现了几种共振现象。沈括在《梦溪笔谈》中写道："余友人家有一琵琶，置之虚室，以管色奏双调，琵琶弦辄有声应之，奏他调则不应，宝之以异物。殊不知此乃常理。"他写道："琴瑟弦皆有应声。宫弦则应少宫，商弦则应少商，其余皆隔器相应。今曲中有声者，须此法用之。欲知其应者，先调其弦令声和，乃剪纸人加弦上，鼓其应弦，则纸人跃，他弦则不动。声律高下苟同，虽在他琴鼓之，应弦也振，此之谓正声。"

宋代周密（1232—1308）记述了与沈括相似的内容："琴间指以一与四,二与五六,四与七相应。今凡动第一弦,则第四弦自然而动。试以羽毛轻纤之物,果然。此气之自然相感之妙。"

沈括与周密分别发现了共振可以发生在振数比为 1:2（宫与少宫,商与少商）、2:3（隔四相生）等处,而其他的用"纸人"或"羽毛轻纤之物"演示共振的方法,比 1677 年牛津的诺布尔（Willian Noble）和皮戈特（Thomas Pigott）用纸码演示弦线共振早五六个世纪。

我们知道,振动问题是声学的主要内容。沈括在《梦溪笔谈》卷十九中就曾叙述过行军宿营使用的、便于携带的侦听器。只要将牛皮箭套放在地上作卧枕,便可感觉几里外敌军人马的行动。这种皮革制的空心枕内部结构实质上相当于一个扩音器。气腔得到来自于地表的振动能,集中在表面的革皮上释放出来,起的是气腔共振的作用。

（二）光学

1. 光源

中国古代的光源就是火的问题,诸如火种的制取和控制。我国在宋代时出现了一种萌芽状态的火柴——火寸。宋代陶毅的《清异录》载:"夜中有急,苦于作灯之缓,有智者批杉条,染硫黄,置之待用。一与火遇,得焰穗然……今遂有货者易名火寸。"

在宋代,人们对冷光光源已经有了一定的认识。沈括在《梦溪笔谈》中曾记载两个冷光现象:"卢中甫家吴中,尝未明而起,墙柱之下有光熠然。就视之,似水而动。急以油纸扇挹之,其物在扇中滉漾,正如水银,而光艳烂然;以火烛之,则了无一物。""予昔年在海州,曾夜煮盐鸭卵,其间一卵烂然,通明如玉,荧荧然屋中尽明。置之器中十余日,臭腐几尽,愈明不已。苏州钱僧孺家煮一鸭卵,亦如是。物有相似者，必自是一类。"沈括在本条中记述了化学发冷光和生物化学发冷光两种自然现象。前者是磷化氢（P_2H_4）液体在空气中自燃而发光；后者盐鸭卵发光是由于其中的荧光素在荧光的催化作用下与氧化合而发光，而其中的三磷腺苷能使氧化的荧光素还原，荧光素再次氧化时又发光，所以放在器皿中十多天，仍"愈明不已"。

有趣的是，古人利用含有磷光或荧光物质的颜料作画，使画面在白昼与黑夜显出不同的图景。宋代的和尚文莹在《湘山野录》一书中记载过这样一幅画：白昼牛在栏外吃草，黑夜牛却在栏内躺卧。宣帝把这幅奇画挂在宫苑之中，大臣们都不能解释。和尚赞宁指出，这是用两种颜料画成的，一种是用"方诸蚌胎"中的"余泪数滴"，"和色著物"就能"昼隐而夜显"；另一种"沃焦山时或风挠飘击，忽有石落海岸，得之滴水磨色染物，则昼显而夜晦"。看来前者就是含磷光物质的颜料，用它来画栏内的牛，后者则是荧光物质的颜料，用它来画栏外的牛，则显出前述的效果，可谓熔光学、化学、艺术于一炉，堪称一绝。

2. 针孔成像

中国古代对于针孔成像有很独到的发现。《墨经》最早记载了针孔成像现象。北宋的沈括对它进行了一番深刻的研究。他在《梦溪笔谈》卷三中曾记述：鸟在空中飞时，鸟影跟着鸟动；倘若光线穿过窗孔被束集，那么鸟的影子就与飞行方向相反。又如楼塔的光线穿过窗孔以后，束集成影也是倒的。这些都和阳燧（凹面镜）的情形一致。阳燧的面是凹的，手指靠近镜面时，它的像是正的；手指渐渐远移时，就看不见像了；过了这点之后，便出现倒像。这里把通过针孔静物成倒像与运动体方向相反两个不同现象沟通起来，并且进一步指出这与凹球面镜成倒像的情况相似，同属一类现象。

沈括之后，宋末元初的赵友钦又进了一步，以设计巧妙的实验来研究针孔成像的各种情况。

赵友钦除了深入细致地研究了"小罅光景"外，还研究了"月体半明"问题。他将一个黑漆球挂在檐下，比作月球，反射太阳光。黑漆球总是半个球亮半个球暗。从不同角度去看黑漆球反光部分的形状是不一样的。他通过这个模拟实验，形象地解释了月的盈亏。他的这个实验简单易行，解释既通俗又科学。

3. 球面镜与透光镜

球面镜成像规律早在《墨经》中就已记载得很清楚。《墨经》一度失传，沈括的《梦溪笔谈》总结记载了一些主要成就。《梦溪笔谈》曾叙述：古人铸镜子时，大镜子铸成平的，镜面凹的照的人脸要大些，镜面凸的照出人脸的像要小些。用小镜看不到人脸的全像，所以要把它做得稍微凸一些，以便使人脸的像变小。这样，镜子虽小，仍然可以照全人脸。造镜子时要量镜子的大小，以决定增减镜子的凸起程度，使人脸的像和镜子的大小相称。这是当时工人的技巧和智慧，后人造不出来。近来人们得到古镜后，都把它刮磨成平的，这是师旷所以感叹缺少知音的缘故吧。

沈括的描述是正确的，他立足于科学分析，对当时把古凸镜"刮磨令平"的错误做法提出批评。

沈括对凹面镜的研究也是突破性的。他不仅指出了凹面镜成像和针孔成像的相似之处，生动说明了物与像的位置的相对关系，而且描述了凹面镜焦点的作用。他说，阳燧镜面是凹的，对着太阳照，光线都聚合于离镜前一两寸远的一点，如豆子、芝麻大小，东西放在那里就会烧起来。沈括发现焦点，焦点是正像和倒像的分界点，这是一个十分重要的进展。

我国古代还有一种十分奇妙的反射镜——透光镜。透光镜的外形跟

透光镜

透光镜是具有特殊效果的被称为"魔镜"的铜镜。它体现了光学和力学原理，是中国古代的一种青铜铸件。

古代的普通铜镜一模一样，也是金属铸成的，背后有图案文字，反射面磨得很光亮，可以照人。按理说，当以一束光线照到镜面，反射后投到墙壁上，应当是一个平淡无奇的圆形光亮区。奇妙的是，在这个光亮区竟出现了镜背面的图案文字，好像是"透"过来似的，故称"透光镜"。最早做这方面研究和记录的是沈括。《梦溪笔谈·器用》曾记录有人解释产生这种现象的原因，即是由于铸镜时薄的地方先冷，背面有花纹的地方比较厚，冷得较慢，铜收缩得多一些，因此文字虽在背面，镜的正面也隐约有点痕迹，所以在光线照射下就能显现出来。沈括认为这种说法是正确的。镜背有花纹，致使镜面也呈相似的凹凸不平，但起伏很小，眼不能察见。当它反射光线时，由于长光程的放大效应，就能够在投影上显示出来。

4. 影戏

我国的影戏，其雏形发源于秦汉，但成形于唐宋。它不仅是一项艺术成就，而且是光学知识的应用。影戏在宋代极为兴盛。南宋时，从事影戏业者甚多，影戏种类也很多，制作技巧与放映效果都大有进步。其中最重要的是"皮影戏"。把兽皮用硝洗净以至极薄，涂上桐油，雕成人形，其四肢、头部都可以活动，用透明颜料画上脸谱衣饰，这样就成了一个"影人"。艺人操纵这个"影人"，在光源和屏幕之间做出种种动作，屏幕上也就相应地看见一个彩色的影子在作种种生动的表演。影戏从宋开始，除明代一度衰落外一直为广大群众所喜闻乐见。

皮影戏

皮影戏是一种以兽皮或纸板做成的人物剪影，在灯光照射下用隔亮布进行表演的民间戏剧。皮影戏是中国民间古老的传统艺术，老北京人都叫它"驴皮影"。中国皮影戏于 2011 年入选人类非物质文化遗产代表作名录。

5. 虹、海市蜃楼及峨眉宝光

对大气光象的观测，也是我国古代光学史最有成就的领域之一。

唐代时对虹的认识已经很深入了，有背着太阳向空中喷水就可以看到虹霓现象的记叙。宋代的蔡卞重复了这个实验，并指出观察要领是要"自测视之"。

宋代的人们已深入观察了单独一个水滴的色散现象。南宋的程大昌在《演繁露》中记载了一个很有趣的现象。他说，当雨过天晴或露水未干的时候，沾于树枝草木之端的水滴，总是结为亮晶的圆珠之状；仔细观察每一个水珠，在日光照射之下，可以显出五颜六色。他进而指出，这种五颜六色，不是水珠本身所有的，而是"日之光品着色于水"。这实质上是白光经过水珠折射反射之后的色散现象。程大昌已经暗示，太阳光中包含有数种色光，经过水珠可以显示出五色来，这可以说已经接触到色散的本质问题了。我国古代对海市蜃楼记载较多也较早。北宋的苏轼就已经指出，海市蜃楼只是一种幻景。沈括也对山东登州经常出现的海市蜃楼做过忠实的记录，但不曾解释其成因。

宋代范成大的《吴船录》记载了他 1177 年登峨眉时所见的峨眉宝光。这是古代对宝光最为详细的描写。他通过仔细观察，指出宝光的形成条件以及它同当时天气变化密切关联。"凡佛光欲现，必先布云，所谓兜罗绵世界，光相依云而出"。这里说的"兜罗绵世界"，就是浓密的云层。

（三）对磁性的进一步认识

指南针技术是我国古代四大发明之一，它表明了我国古代对磁体、磁学的认识和应用达到了一定的层次。

古代人发现磁石能够吸铁，宋代的陈显微还曾指出磁力能够"隔碍相通"，按现代观点，就是磁力能够透过铁族以外的其他任何物质。

中国的指南仪器大约起源于汉代，称之为"司南"。到了北宋初年，司南发展成为指南鱼，北宋的相墓书《茔原总录》卷一，就曾记录有人用人造磁针（丙午针）测定坟地的方向，而且方家在这类活动中发现了地磁偏角校正磁针定向误差的方法："取丙午针，于其正处，中而格之，取方直之正也。"我国对磁偏角、磁倾角的认识要早于哥伦布（1492）。早在北宋初年，沈括就指出"针常指南"，"然常微偏东，不全南也"。到了南宋，对磁偏角因地而异的情况有了更明确的记载，并应用到堪舆罗盘上。南宋的曹三异在《因话录》中说"天地南北之正，当用子午。或谓江南地偏，难用子午之正，故丙壬参之"。这就是说，在地磁子午线和地理子午线一致的地方，用子午针就可以了；而在我国东部沿海一带，地磁子午线和地理子午线有一夹角，就要参用丙壬缝针，即用日影确定地理南北极方向。

古人对于磁体的应用相当广泛，除指南器以外，还用于军事、制陶、制药上，而且也用于中医手术上。宋代的何新希就曾提到，当小儿吞针入腹时，可用一块枣核般大的磁石磨光穿以丝线，让小儿吞下可将铁针吸出。

（四）物质结构

古人对物质的内部结构的关注，主要集中在某些结晶体规则的几何形状上。我国早在两千多年前就已经深入地观察到结晶体的形状结构了，宋代的许多著作对雪花、霜花、冰花、石英、食盐等的晶体形状及结晶现象都作过生动、细致的描写。

石英是常见的天然结晶体，它在岩穴中自由生长，形状比较完整，是由棱柱和棱锥组成的，沿棱柱的晶柱是六重对称轴。早在南北朝，陶弘景（456—536）就指出它"六面如削"的形状；宋代寇宗奭的《本草衍义》中更进一步说它"形六棱而锐首"；宋代杜绾的《云林石谱》也说"其质六棱"，准确地描述了石英晶体的外形。寇、杜二人还指出石英对月光具有色散作用，这实际上是由于石英是透明的棱柱体，起了棱镜的作用。

对于食盐、黄铁矿（金牙石）等立方晶系物质，古书上指出它是"正方"形，形如"方印"等。沈括在《梦溪笔谈》中对石膏的几何形状作过深入生动的描述。他说这种晶体大的如杏叶，小的像鱼鳞，都是六角形，外形端整得像是切刻出来的，正如龟甲状；四周围像裙襕那样有微小的凸出；前面的晶体斜向下，后面的晶体斜向上；一片掩盖一片，就像穿山甲的鳞片层层相叠；如果敲打它，会随着纹理裂开，也呈六角形等。沈括曾主持改革盐法，深入到各地不少盐场，石膏正是盐湖的副产品。在长期的生产实践中，古人对各种晶体的形状有了相当深入的认识，并以此作为判别不同晶体的根据。古代的本草学家们在鉴别石膏、长石、理石、方解石等的异同时，依据之一就是视其结构上的"肌理""形段"。北宋的苏颂（1020—1101）的《图经本草》说"破之皆作方棱者为方解石"。

南宋程大昌《演繁露》上记载了食盐的生长过程："盐已成卤水者，暴烈日中，数日即成方印，洁白可爱，初小渐大，或十数印累累相连。"这里指出了盐在水中含量超过溶解度，晶体逐渐生长，由小到大，始终是立方体，描写十分准确。

（五）传热与保温瓶

我国古代对热的传播有许多有价值的认知，而且很注重保温。宋代洪迈（1123—1202）在他所著《夷坚甲志》中曾记载了一则故事，说某人"得古瓶于土中"，非常喜爱，放在书室中养花。冬天极冷，有天晚上忘了把水倒去，以为一定会被冻裂。次日一看，凡是其他器皿中有水的都冻裂了，而"独此瓶"不然。他非常惊异，用热水试之，"终日不冷"，他有时到郊外出游，带上此瓶，用其中的热水泡茶，就如同新煮开的一样，始终不知其中奥秘。可惜一日被"醉仆触碎"，视其中，"与常陶器等，但夹底厚二寸"，并有鬼烧火的图案，刻画栩栩如生。从这则故事可以看出，这个古瓶的奥秘在于利用二寸厚的空气层来保温，它其实是现代保温瓶的雏形。至于绘鬼烧火，则为故弄玄虚，转移他人注意力，以防仿造。

我国古人就已经注意到物体热胀冷缩引起的热应力。如古代的弓箭，制造者就要求弓在严冬和炎夏热应力变化不大。沈括在《梦溪笔谈·技艺》中讨论了这一问题："凡弓初射与天寒，则劲强而难挽；射久、天暑，则弱而不胜矢。此胶之为病也。凡胶欲薄而筋力尽。强弱任筋而不任胶，此所以射久力不屈，寒暑力一也。"

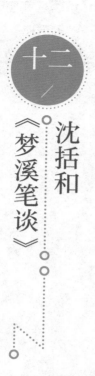

十二

沈括和《梦溪笔谈》

沈括

沈括，北宋政治家、科学家，他推动了中国科技大发展。

沈括是我国历史上最卓越的自然科学家之一。英国科学史学者李约瑟称沈括是"中国整部科学史中最卓越的人物"。而他的著作《梦溪笔谈》是"中国科学史上的里程碑"。

沈括生于北宋仁宗天圣九年（1031）。他的父亲沈周，是浙江钱塘人，曾任旬州平泉县令、泉州知州等，后入京为开封判官，又任江南东路按察使，于仁宗皇祐三年（1051）去世，官为太常少卿，分司南京。沈周是个亲民的循吏，以宽厚、奉公著称。沈括的母亲苏州许氏，名门闺秀，知书识礼，对儿子的幼教起了重要作用。

沈括的父亲去世后，沈括守丧到至和元年（1054），因父荫而得官，任海州沭阳县主簿，掌管全县的簿册目籍。当时沭水河道蔓延为停滞不流的污泽。沈括主持重新修筑二

《梦溪笔谈》
《梦溪笔谈》是一部综合性笔记体著作，其内容十分广泛、丰富，是中国科学史的重要著作。

堤，把沭水疏通成为百渠九堰，灌溉良田七千顷，令绩显著。嘉祐六年（1061），沈括的兄长沈披在宣州宁图任职，在芜湖考察修复废弃的秦家圩的可能性。沈括正巧客居兄长处，十分赞同兄长的见解，将旧圩重建，易名为"万春圩"，辟田千余顷，并且挡住了四年后的一次洪峰。嘉祐七年（1062），沈括在苏州参加科举会试，名列第一。次年（1063）考中进士。治平元年（1064）任扬州司理参军。沈括在任时深为淮南转运使张蒭赏识，将次女嫁给他。丈人调京官任秘阁校理后，引荐沈括为校书郎，编校昭文馆的书籍。治平三年，奉命参与详定浑天仪。由于当时浑仪景表刻漏在测验时存在差误，改由沈括主持在司天监依新样制造浮漏、浑仪。沈括曾著《浑仪》《浮漏》《景表》三文，他所主持制作的浑仪，在唐代李淳风浑仪的基础上，在尺度、黄赤道、天常环、月道、规观等方面进行了改革，取消了白道环，把仪器简化、分工，又改变了一些环的位置，使它们不遮挡视线，便于观察，是浑仪发展史上的一个转折点。他讨论日月形状及计算黄道星度，深受宰相文彦博的赞许，沈括的天文学才能崭露头角。

赵顼

宋神宗赵顼是北宋的第六位皇帝，他在位时的主要功绩是：重用王安石进行变法、击败安南、元丰改制、收复河湟、五路伐夏。

熙宁元年（1068），宋神宗赵顼即位。当时北宋王朝内忧外患，遂起用王安石作宰相，推行新法。这就是宋史上有名的"襄赞新政"。沈括在这场新政中成为王安石的得力助手，全面施展其才能。熙宁四年（1071）十一月，沈括任太子中允、检正中书刑房公事。次年，兼提举司天监。七月，加任史馆检讨；九月，主持测量汴通地形，督察疏浚汴间水道。熙宁六年（1073）担任集贤校理，五月，奉命详定三司令敕。六月，沈括奉命相度两浙路农田、水利、差役等事并兼任察访，致力于钻研水力工程技术。在治理汴河时，他创造了分层筑堰的水准测量法，实测了从开封到泗州河段共八百四十里一百三十步的坡降，测得高差十九丈四尺八寸六分，达到相当高的精度。在两浙察访时，他见雁荡诸峰"峭拔险怪"，认为与黄土高原"立土动及百尺，迥然耸立"类似，是由水土流失造成的。七月任左正言，擢知制诰，兼通进银台司；八月，为河北西路察访史。在河北察访时，他观察到太行山地层中有螺蚌、卵石带，推断这一带过去曾经是海滨，并运用他多年治水对水流冲淤规律的认识，解释华北平原的形成原因，这基本符合现代科学原理。他将农耕与战备结合，还与薛向商议，把定州城北的"海子"扩展到西域，并引新河的水使之成为稻田，不仅发展农业，而且阻止契丹骑兵侵扰。

同年九月，沈括由王安石推荐，兼职主持军器监。这期间，沈括研究城防、阵法、兵器、战略技术，写下了《修城法式条约》二卷。军器监在沈括的刻苦经营下，武器的质量、数量显著提高。沈括曾亲自访问冶锻作坊。为了制造"柔薄而韧""强弩射之不能入"的铁甲，他还研究了熟铁和钢、冷锻和热锻的区别，并解释了用牛皮制的箭袋监听远方来敌的原理。

熙宁八年（1075）三月，沈括被任命使辽折冲。他在枢密院查阅档案，查明辽国的要求无理无据，六月到达辽庭，与辽人进行了六次大辩论。由于沈括准备充分，辽方辩论失败，放弃无理要求，与宋达成协议。沈括在归途中，悉心收集有关山川道路和风俗人情的资料，著成《使契丹图钞》一书，并制出立体的木制模型图，后来被推广到沿边各州。

熙宁九年（1076），沈括官拜翰林学士、三司使（主管财政经济）。但由于王安石变法触犯了大地主豪绅贵族的利益并于同年被罢相，次年，作为变法主干将的沈括，也被动罢免掌管三司使，以集贤院学士身份被贬至宣州。元丰三年，沈括被起用，担任鄜延路经略安抚使，赋予西陲安边的重任。元丰四年（1081）元月，在沈括的指挥下，宋师先发制人，取米脂、石州、夏州、银州，获顺宁、金汤大捷。元丰五年（1082）五月，因其战功由龙图阁侍制升为龙图阁直学士。同年八月，前敌将军徐禧不听将命，擅自选择"军事忌地"永乐筑城固守，遭西夏大军断水围攻，以至全军覆没。沈括以"处置失当"，代人受过，被贬为均州团练副使，随州安置，自此结束了他的政治、军事生涯。元丰八年（1085），哲宗即位，大赦天下，沈括改授秀州团练副使，本州安置，重返两浙。沈括在熙宁九年（1076）任三司使时奉命编绘《天下州县图》（《守令图》），到秀州闲居时才于元祐二年（1087）完成，了却了夙愿。该图图幅之大，内容之详，是以前少见的。次年投进朝廷，受赐赏，并准许任便居住。从此，沈括移居润州（今江苏镇江市）地方，他将以前购置的田园修置经营后，取名"梦溪园"，并在这里写下了中国乃至世界历史上的著名科学著作《梦溪笔谈》。沈括于哲宗绍圣二年（1095）去世，享年65岁。除《梦溪笔谈》外，沈括还著有大量著作，如《易解》《乐论》《乐器图》《左氏记传》《字训》，有关于刑法的《熙宁详定诸色人厨料式》《诸赦格式》等，关于地理的《使契丹图钞》《怀山录》，有关农家的《忘怀录》，有关历算的《熙宁奉元历》《熙宁奉元历经》以及《熙宁晷漏》等，有关军事的兵书《边州阵法》《修城法式条约》。此外，还有《茶论》《苏沈良方》《长兴集》等众多著作。

　　沈括在官场生活了近三十年，他不是专业的科学家。他在多年的旅游各地察访的途中，注意观察天文地理现象，广泛收集各方面的知识，并且加以研究。他晚年时闲居梦溪园，仍"壮志不已"，"思平日与客言者，时纪一事于笔，则若有所晤言，萧然移日。所与谈者，唯笔砚而已，谓之《笔谈》"。《梦溪笔谈》原书共36卷，现传仅26卷，共分故事、辩证、乐律、象数、人事、官政、权智、艺文、书画、技艺、器用、神奇、异事、谬误、讥谑、杂志、药议等十七目。李约瑟在他的《中国科学技术史》第一卷中，根据现代科学分类，把《梦溪笔谈》的内容分成25个项目，自然科学总数为207条，其中有关《易经》、阴阳和五行7条，数学11条，天文和历法19条，气象学18条，地质学和矿物学17条，地理学和制图学15条，物理学6条，化学3条，工程学、冶金学和工艺学18条，灌溉和水利工程6条，建筑学6条，生物科学、植物学和动物学52条，农艺6条，医学和药物学23条。人文科学总数为107条，有关人类学、考古学、语言学和音律学，余下207条为人事材料，有关官员生活，朝廷、学士院和考试，文学和艺术、法律警务、军事以及杂闻轶事。《梦溪笔谈》是一部内容丰富的学术著作，反映了我国北宋中叶最新的科学技术水平。

沈括的《梦溪笔谈》中有关天文学的条文近二十条，内容丰富。熙宁五年（1072）沈括任提举司天监时，通过调查，揭发了不实测天象、弄虚作假、伪造记录的行为，打破了世袭制度，推荐精通历法的平民卫朴入司天监主持新历。后来他还指出新历（奉元历）不完善主要是由于没有实际观测资料可用，因此建议对日、月、五星的运行进行长时期实际观测，交原撰历人参照修改。沈括注重实践，从中总结规律性的认识。他制造新的天文观测仪器，写了《浑天议》《浮漏议》《景表议》三篇杰出的科学著作，极力主张实测日、月、五星的行度来修改历法；他亲自考察天极不动处，画图二百余张；他实地观测海潮涨落规律，得出"每至月正临子、午，则潮生"的正确结论；他长期精心考察用刻漏计时的情况，"凡十余年，方粗见真数"，终于肯定了"冬至日行速""百刻有余""夏至日行迟、不尺百刻"的客观事实。沈括晚年时曾建议采用以十二气为一年的历法，废除以前的以十二朔望月为一年的历法。沈括的《十二气历》与后来太平天国的《天历》及现在各国采用的公历十分相似。《十二气历》以立春作为岁首，一年的节气有固定日期，便于指导农事活动，比现行公历更为科学。

沈括在数学方面有精湛的研究。他从实际需要出发提出了新的命题和计算方法，他从计算"酒家积罂""层坛"体积出发提出"隙积术"，开辟了我国古代数学高阶等差级数求和的方向；他创立了"会圆术"，在我国数学史上第一个提出了由弦、矢的长度求弧长的近似公式，为我国平面几何、球面三角学的发展作出了重要贡献。沈括在《梦溪笔谈》中还指出了用数量级的概念把握大数的方法，记录了简捷运算的增成代除法，他还记载了运筹学在生产实践中运用的实例，并用运筹学思想研究军粮供应与行军进退的关系等。

沈括一生游历全国南北各地，他注重观察和分析，在他的《梦溪笔谈》中有许多地学方面的卓越论断和丰富资料。他在主持修复、勘测汴梁渠时，测得开封和泗州间的地势高差细到寸和分，在我国测量史上是一项很高的成就。沈括用 12 年的不懈努力，编制了《天下州县图》地图集，在前人的制图技术基础上总结出二十四位向、制图七法，把古代制图学水平提高了一步。沈括在地学方面最突出的成就在于他观察了雁荡诸峰，指出水流侵蚀的作用，并提出了海陆变迁的论断，用流水搬运与堆积作用，解释华北平原的形成原因，不但说明了古今地形变化，而且还用延州"石笋"等古代动植物化石，推测古代的自然环境、古今气候的变化，表现了他朴素的唯物主义思想。沈括的《梦溪笔谈》反映了我国当时地学所达到的先进水平。沈括对化石的认识，早于意大利的达·芬奇（1452—1519）对流水侵蚀作用的论述，也早于英国的郝登（1726—1792）；在立体地理学模型制造方面，早于瑞典人的作品，在地势测量方面更是如此。

沈括在物理学方面的成就突出地表现在他对指南针的记述上，他不仅记述了指南针的四种实验方法，而且在世界上第一个发现磁偏角，指出磁针"常微偏东，不全南也"。这一成就比哥伦布要早 400 年。

沈括在《梦溪笔谈》中最早提出石油的名称，并研究石油的用途，亲自用石油燃后的烟炱（tái，指炭黑）制作墨，称之为"延州石液"。此外，他还记述了鸭蛋的化学发光和生物发光的现象。

《梦溪笔谈》中有关气象的条文近二十条。沈括通过自己的观察，对风、霜、雷、雹、虹、海市蜃楼、陆龙卷等天气现象作了细致、生动、形象的记述，他对许多天气现象作了科学的解释，并做出成功的天气预报。他提出"天地之变，寒暑风雨"等"率皆有法"，"变则无所不至"，认为天地万物处于变化之中并具有自己变化的规律。同时，他还指出对具体条件要进行具体分析，因时因地制宜，不能"胶于定法"，反映了沈括朴素的唯物主义思想，对当时流行的程朱唯心主义理学是一个有力的批判。

《梦溪笔谈》中涉及动、植物学和医学的约有九十条，广泛地记载和描述了各地所产的动、植物和药物，譬如南海的砗磲，西北的枸杞，北方沙漠的跳鼠，海州的海牛（儒艮），等等。此外，还记述了四川人养鸬鹚捕鱼，河北沧州、景县一带人防治蚊蛇的方法，以及黏虫天敌、蔬菜病害等情况。沈括不迷信古人，从实际出发，进行大量调查研究，纠正了古书上的许多错误。沈括对当时被奉为药物学经典的《神农本草经》，在肯定它正确方面的同时，根据当时的实践经验，对其中错误及不完善之处作了订正和补充。《梦溪笔谈》中关于药物的记载很多，都是沈括在广泛采访和搜集各地民间大量验方、草药的基础上，经过亲自验证整理而成的。他还指出生物生长受纬度、海拔高低等地理条件影响，同时还取决于不同动、植物的本性及人工栽培措施，故此采药要因时因地制宜。沈括还指出中药的不同剂型可以发挥不同的治疗作用，并联系到药性来考虑剂型的选择，这些都反映了他朴素的辩证法思想。沈括科学思想上的唯物主义倾向，促使他注意总结群众的实践经验。他在《梦溪笔谈》中记载了许多劳动人民的发明创造，以简洁、生动的语言叙述了布衣毕昇发明活字印刷术；还介绍了喻皓所著的《木经》，这部总结劳动人民建房屋实践经验的著作虽已失传，但通过沈括使我们仍能了解喻皓的一些创造发明。沈括还高度赞扬了河工高超堵塞河堤决口的三埽合龙门的方法，此外还记载了河北工人炼钢、福建农民种茶的宝贵经验。

沈括是中国古代科技史上少见的奇才，在全面地介绍宋辽夏金时期科技发展及科学成就过程中很少不涉及他的论述。他所取得的科学成就是中古时期的一盏明灯，可惜的是它的光辉为日益没落的封建社会所遮掩。沈括的许多进步的政治主张，使他受到保守势力的排挤倾陷。沈括在当时的封建社会中虽然"和者必寡"，但他的《梦溪笔谈》流传至今，是我国古代文明的宝贵财富。

十三、结语

宋王朝建立以后，把注意力主要放在政权的内部权力的分配和管理上，着重加强大一统中央集权的专制制度，在军事上的力量始终没有发挥出来，因此总是处于与辽、西夏、金等政权对抗、对峙的状态之中。在唐朝已高度发展到了顶峰的封建社会，到了宋朝已显现出了下坡趋势。对于直接继承大部分唐朝国土的宋王朝而言，它在军事上和外交上的失败多于胜利，还让人民承担了朝廷向西夏、辽、金进贡的沉重经济负担，实在是并不辉煌。

但对于中国文化历史发展来说，宋辽金夏是一个辉煌的时期，尤其是在科学技术方面。宋朝是中国古代科技发展史上继汉朝之后又一个黄金时期。李约瑟博士在他的《中国科学技术发展史·总论》中写道："对于科技史家来说，唐代却不如宋代那样有意义，这两个朝代的气氛是不同的。唐代是人文主义的，而宋代较着重科学技术方面。"他继而提出："每当人们在中国的文献中查找一种具体的科技史料时，往往会发现它的焦点在宋代，不管在应用科学方面或在纯粹科学方面都是如此。"这一时期的许多成就后来推动了欧亚大陆社会历史的发展进程。像火药、指南针、活字印刷术等技术上的重大突破都是在宋朝取得的，被誉为"中国古代科技史上的巨人"的沈括也出现在这一时期。

宋朝最先把炼丹家们炼制长生仙丹中得到的火药用于军事，提出并优化了火药的科学配方，创造和推广了利用火药燃烧性及爆炸性的武器——火器，在人类历史上第一次将化学力量和单兵战斗结合起来，在战争中表现出极强大的威力。遗憾的是，尽管宋、金在世界上最先使用火器，但军事装备上的进步并不能挽回它们衰落的国势。在中国后来的社会发展中，火药及火器并没有使社会生活和历史发生真正的质的改变。当火药通过阿拉伯人传到欧洲，那里的市民利用这种新的武器同封建骑士作战，把这个阶级炸得粉碎，从此资产阶级开始登上了历史舞台。

由于宋朝与西夏、辽、金的对抗、对峙，阻断了它与西域及朝鲜等国家的陆路通道，航海便成为它与外部世界交往、贸易的重要途径。航海的需要使宋船向巨型发展，设计并使用了新式的水密隔舱，提高了远航的安全度。更重要的是，宋代的航海家将方士观风水的磁针装在船上，为海上远航提供了举世无双的导航设备。指南磁针在航海上的应用，标志着人类从此获得了在海洋中全天候远距离航行的能力。宋末，指南针由阿拉伯人传到欧洲，这使近代欧洲航海家的一系列远航和地理大发现都成为可能。

活字印刷术的发明是应宋朝社会文化高度繁荣的需求而产生的。印刷匠用活字排版印刷，省去了刻版的麻烦，这是人类印刷史上的一次革命，在技术上具有巨大的优越性。由于中国象形文字的特点和封建社会的传统作坊的生产方式，虽然活字印刷术在元、清有了进一步改进，但这一先进技术没能得到普遍应用。活字印刷术传到欧洲后，1455年谷腾堡用铅活字印出了《圣经》，使大量市民、知识分子能够直接阅读《圣经》，并按自己的理解来解释《圣经》，打破了教会的精神独裁，并进一步用来传播人文主义的先进思想。印刷术在这时起到了革命性的作用。

被誉为"英国唯物主义和整个现代化实验科学鼻祖"的培根认为，印刷术、火药、指南针这三种东西改变了整个世界的面貌和状态。它们在欧洲成为市民阶级获得社会理想的工具和武器，对历史发展及人类文明作出了极其伟大的贡献。但遗憾的是，在这样伟大发明的产生国，却没有因为这样伟大的技术发明而使社会产生伟大的变革。在强大的中央集权制的封建王朝中，新的发明只能置于传统的框架之中，单纯发挥其使用效益。

宋辽金夏时期在数学、天文、医学、地理等方面都取得了许多令人瞩目的科技成就。

这一时期著名的数学家有北宋的沈括、贾宪，南宋的秦九韶、杨辉，金代的李冶，等等。宋代数学的突出成就，是秦九韶在贾宪首创的"增乘开方法"的基础上，发展成一种完整的高次方程的数值解法，比英国数学家霍纳类似的解法早500年；秦九韶还创造了"大衍求一术"，系统地指出了求解一次同余组的计算步骤，被称为"中国的剩余定理"，比欧洲同类成果早500多年。

宋代的天文学家还继承了传统的天文观测，在1010—1106年进行了五次大规模的恒星观测，并记录了1054年爆发的超新星。1247年刻石于苏州的石刻天文图，是流传至今的第一幅石刻全天星图。它绘有北极常显圈，南极恒隐圈和赤道，星数达1430多颗，而西欧在14世纪文艺复兴前，观测星数只有 1022 颗，根本没有科学的星图。

宋代在天文仪器上的成就更加突出。燕肃在 1031 年发明了用恒定水位保持均匀流量的漏壶，苏颂、韩公廉等人组织研制了水运仪象台，以漏壶流水为动力，推动齿轮系统准确自动地演示天体运行情况、计时、报时。水运仪象台的科研占有三项世界第一：屋顶台板可以自由折闭，浑仪的窥管随天象旋转及其控制枢轮运转系统的天衡装置（即现代的锚状擒纵器）。宋代沈括提出的《十二气历》不仅早于现行的公历《格列高利历》，而且比它还要科学。可惜的是长期未被采用。

在这一时期，我国古代的医学体系形成了系统的医学流派，医书、药书大量出现，设立了专门的管理机构和医学校。医学有了眼科、产科、小儿科、针灸科等较细的分科。1119 年，钱乙的《小儿药证直诀》重点论述了小儿"稚阴稚阳""易实易虚"的特点和痧、痘、惊、疳四大重症，比意大利医生巴格拉尔德的《儿科集》早 350 多年。1247 年，宋慈写出了世界上第一部系统的法医学专著《洗冤集录》，论述了现代法医学的大部分内容，对尸体现象、损伤、窒息、现场、尸检等作了科学的归纳和论述，曾被译为日、法、英、德等文字，对法医学发展影响很大。

北宋李诫的《营造法式》，系统地总结了历代工匠的经验和当时的建筑技术，首创了木构建筑的"材、分"模数制，对梁的高宽比作出了科学的规定，比伽利略早五个世纪。建于福建泉州的洛阳桥，首创蛎固基技术，在世界桥梁史上首先使用"浮运架梁"技术，而且沿桥位抛石几万立方米，提高江位标高 3 米多，在其上建桥基，是现代桥梁"筏形基础"的先驱。

地理学方面，方志、游记大量出现，绘制出较为科学准确的地图，首创了"计里画方"的方法。此外，在农业、冶铁、纺织、造船等方面还有许多的科技成就，无法一一尽举。特别值得一提的是，北宋的大科学家沈括及其《梦溪笔谈》。《梦溪笔谈》总结了我国古代多方面的辉煌成就，涉及数学、物理、化学、生物、地质、气象、医药等许多个领域，被李约瑟博士誉为"中国古代科技发展的里程碑"。

宋辽金夏时期，在技术上是一个新发明层出不穷的时代，涌现出了大量的发明家、能工巧匠和科学家，是中国科技发展史上极为辉煌的时期。宋王朝的一些政策和所受到的外在的武力威胁在一定程度上促进了科学技术的发展，但这一时期的科技成果并没有扭转宋王朝在军事上的劣势和其衰落的国势。

纵观中国古代科技发展的历史，可以看到，宋辽金夏这一时期，科学技术发展逐渐转变为以技术的发展为主体，科学成就明显减少，科学技术的进步主要表现在科技成果的缓慢增加，很少有质的突破。中国的古代科技发展到宋辽金夏时期，发展速度已明显缓慢下来。追究其历史根源，不能不谈到科举制度在历史上的作用。科举制度使文人志士多重仕途，轻技艺，造成了科技与士人及教育的脱离，许多成就仅靠"技艺人"口头传授；以程朱理学为主的儒学在思想领域的主导地位造成了哲学的贫困，科研方面多用归纳法，对许多高超的技艺只知其然，不知其所以然；同时用阴阳五行论来解释客观世界和未知事实，限制了人们对新生事物的深入研究。这些社会因素造成的科技发展速度减慢，最终导致了中国近代科技史上的落后，这很难说不是历史的遗憾。在大力提倡"科学技术是第一生产力"的今天，我们探究我国科技发展的历史，不仅是了解我们中华民族光辉灿烂的历史和辉煌的古代科技成就，为古人自豪，更重要的在于历史的发展过程给予我们现在和未来的借鉴与启示。中国古代的科技发展进程是一面很好的镜子，能够使我们在反思中不断地进步。